JN048735

Living With Herbs

小さな庭やベランダで育てる
ハーブと楽しみ方事典

福間玲子

朝日新聞出版

はじめに

レッスンルームの窓から見えるベランダのラベンダーとミント、タイムが
日差しを浴びて風に揺れています。なんてかわいいのでしょう！

小さな庭とベランダで始めたハーブの寄せ植え。
ハーブの効用も、育て方も知らないまま
好きな花との寄せ植えを作ったのが私のハーブとの出会いでした。
何年も何年も前のことです。
ミントとノバラを摘んでコップに挿したとき、なにか心がホッとして、
そっとお湯をそそいでみました。
爽やかな香りが私を和ませてくれたのを覚えています。
それからです、無理をせず季節を楽しみながらのハーブ生活が始まりました。
50歳のときです。

＊

人それぞれに思い出の景色があると思います。
ハーブを思うとき
縁側に座って、緑いっぱい広がる庭をボーッと眺めている小さな自分を思い出します。
さほど大きな庭ではありませんでした。
いつも花が咲いていて、果樹のイチジク、桃、スグリ等がありました。
シソ、ミョウガ、ショウガもあり、収穫を手伝ったのも楽しい思い出です。
収穫したものを、料理や保存食、そして私たちのおやつ作りをする母の横で
お手伝いをしていたことを思い出します。
いつの間にか同じことをしている自分に気がつきました。

＊

食卓にハーブを摘んで飾ったり、料理やスイーツに香りいっぱいのハーブを使ったり
少し頭が痛むとき、ローズマリー、シロタエギクのティーを
胃が痛むとき、ペパーミント、ジャーマンカモミールのティーを
風邪をひいたらエキナセアのティー等、
庭やベランダでハーブを育て、家族と共に楽しんでみてはいかがでしょうか。
ハーブに触れるだけで、その植物の思いが伝わってきます。
肌で感じる手触り、優しい香りを吸い込むとき、
それはいちばんの癒しではないかと思います。

ひと鉢からハーブを育ててみませんか。
きっと今までと違う生活が見えてくることでしょう。

福間玲子

はじめに　2

庭で　6
室内で　8

福間家のハーブのある豊かな暮らしは
この庭から始まります　10

A, B　前庭はハーブガーデンと
　　　ティータイムの憩いの場所　12

C　　　ガレージを改装して多目的スペースに　14

D　　　小さなスペースでも十分、
　　　ハーブは元気に育ちます！　16

●ベランダを上手に活用すれば、
　庭がなくても大丈夫！　17

4

1章
二十四節気を楽しむ 18

2月　　「立春」　20
　　　　「雨水」　21
3月　　「啓蟄」　22
　　　　「春分」　23
4月　　「清明」　24
　　　　「穀雨」　25
5月　　「立夏」　26
　　　　「小満」　27
6月　　「芒種」　28
　　　　「夏至」　29
7月　　「小暑」　30
　　　　「大暑」　31
8月　　「立秋」　32
　　　　「処暑」　33
9月　　「白露」　34
　　　　「秋分」　35
10月　　「寒露」　36
　　　　「霜降」　37
11月　　「立冬」　38
　　　　「小雪」　39
12月　　「大雪」　40
　　　　「冬至」　41
1月　　「小寒」　42
　　　　「大寒」　43

●おいしいハーブティーの淹れ方　44
●ハーブの保存　45
●飾って　使う　46

2章
あると便利なハーブ事典 47

1年草のハーブ 48
バジル 50
カモミール 52
ナスタチウム 54
ボリジ 56
トウガラシ 58
シソ 60
パセリ 62
カレンデュラ 64

多年草のハーブ 66
ミント 68
オレガノ 72
セージ 74
レモンバーム 76
フェンネル 78

木本のハーブ 80
ローズマリー 82
タイム 84
レモンバーベナ 86
ラベンダー 88
バラ 92

● チンキの作り方 96
● ハーブビネガーとハーブオイルの作り方 97
● ハーブバターとハーブソルトの作り方 98
● ハーブワインとハーブドレッシングの作り方 99
● ハーブ入りピクルスの作り方 100
● ハーブのジェノベーゼとシュガーコートの作り方 101

● 症状別ブレンドハーブティー 102
● ハーブを使った外用ケア 104

3章
知っておきたいハーブリスト 105

1年草 106
コリアンダー／ニゲラ／ラクスパー

多年草 107
エキナセア／エルダーフラワー／キャットニップ 107
スイートマジョラム／スープセロリ／タラゴン 108
チャイブ／ヒソップ／フィーバーフュー 109
ベルガモット／ヤロウ／ラムズイヤー 110
レモングラス／ローズゼラニウム／
　ワイルドストロベリー 111

木本 112
オリーブ／ルー

4章
ハーブ栽培の基本と流れ 113

ハーブ栽培に適した環境 114
土・肥料・消毒液 115
苗を植える（テラコッタ） 116
苗を植える（バスケット） 117
定植によい季節 117
種をまく 118
切り戻し 118
知っておきたい病虫害と対策 119
増やし方 120
・挿し木
・株分け
・根伏せ
・水差し
挿し木をしてみよう 121
四季別のお世話 122

精油 124
ハーブを安全に使用するために気をつけたいこと 125

索引 126

庭で

室内で

福間家の
ハーブのある豊かな暮らしは
この庭から始まります

A メインの前庭　　　　p12-13
B メインの庭へ続く庭　p12-13
C ガレージを改装して　p14-15
D 小さなハーブスペース　p16
● ベランダの活用　　　p17

ハーブのある暮らしに憧れてはいても、
どのくらいのスペースが必要なのか、
どんな場所でどんなハーブを育てたらいいのか、
どのハーブをどんなふうに利用したらいいのか、
わからないことがたくさんあって、
なかなか一歩が踏み出せない、と思っていませんか。
福間家は、住宅街の中にありますが、
いろいろなスペースを無駄なく利用し、
それぞれのハーブの居心地よい場所を作り、
料理やティー、家庭の常備薬として等、
日々の暮らしをハーブと共に楽しんでいます。
自分の生活の中でハーブを育てるスペースはきっとあるはず。
少しずつ自分らしいハーブのある暮らしを始めてみましょう。

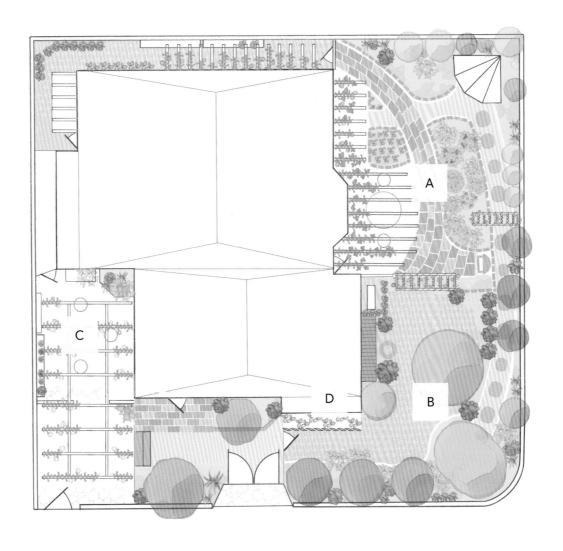

A, B　前庭はハーブガーデンとティータイムの憩いの場所

メインの庭は、いつも目が行き届くようにしておきたいものです。
動線を意識し、ガーデンのお世話を楽しみながら続けられるよう、工夫しています。
メインの庭をゆっくり散策してみましょう。

② 庭の隅っこは
目が行き届かないところ。
小さなパーゴラを作って
テーブルと椅子を置けば
ホッとひと息つける場所に

① 庭に向かって大きく開いた居間の窓から
優しいハーブの香りが漂ってきて心も体も癒されます

12

③ メインの庭へと誘ってくれるアプローチ。
出入り口のドアは手作り。
道がぬかるんだりしないように、
チップを敷き詰めています

④ 写真はテラスの奥から庭を眺めたところ

⑤ ⑥ 窓辺の前にはテラスとパーゴラを作り、バラや山ブドウを絡ませます。
緑に囲まれた家族のお気に入りの場所です

13

⑦ 両親の代から庭にあった大きな梅の木は、庭のシンボルツリー。
木の下にベンチやテーブルセットを置いて木漏れ日を楽しみます

⑧ バラのアーチをくぐって
メインのハーブガーデンへ。
四季折々、違った表情を見せてくれるのも
楽しみのひとつです

季節ごとに違うハーブが競い合って
背を伸ばします
手入れなどのお世話も欠かせません

C ガレージを改装して多目的スペースに

ガーデングッズの収納場所や、ハーブのお世話に必要な作業場が欲しくてガレージを改装。
手作りの棚にコツコツと買い集めたユニークなガーデングッズを並べ、
ハーブの手入れ作業も楽しめる素敵な空間に。
オープンガーデンの時期にはカフェスペースにもなります。

① とても機能的なガレージガーデン。
パーゴラにはスイートジャスミンを絡ませ、
花の季節になるとガレージは甘い香りに包まれます

② デッドスペースになりそうな奥の角に小さな収納場所を作り
ハーブのお世話に必要な道具を収納します。屋根の上にも小さなハーブ畑が。
小さなスペースを上手に活用しています

③ 手作りの飾り棚やベンチには、楽しくてかわいらしい小物たちを並べ、
ギャラリーのような空間に。お世話の作業はもちろん、
友だちとのティータイムも楽しめます

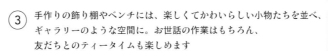

D 小さなスペースでも十分、ハーブは元気に育ちます！

自分の家の庭には、ハーブを育てられるような
スペースがない、と諦めていませんか？
福間家は、メインのガーデンの他に、家の壁際の
ちょっとしたスペースに手作りの小さなハーブ畑を作り、
収穫を楽しんでいます。

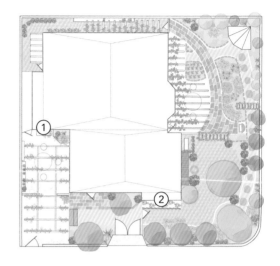

① ガレージの中に作ったシェードの上部は、
ミントやナスタチウムの畑。
家の中やベランダ、庭を見渡して、
小さなスペースを見つけましょう

② 幅30cmほどの細長いスペースに土を盛り、
剪定後の木の枝などで柵を作っただけのスペース。
軒下、西日等のあまりよい条件ではないデッドスペースでも、
こまめに水やりすれば大丈夫。
レモンバーム、オレガノ、スペアミント、アップルミント、
ヤロウなどのハーブと季節の草花を混植すると
華やかになり楽しむことができます

●ベランダを上手に活用すれば、庭がなくても大丈夫!

ベランダは、コンクリートで照り返しも強い悪条件のところもありますが
ちょっとした工夫で、ハーブを育てる素敵な場所にもなります。
マンション住まいでも諦めずに、
ベランダ栽培を始めてみましょう。

ベランダで植物を育てるときの注意点

① 直射日光の当たるベランダでは、直接床に鉢を置かない
② ベランダに1日中日が当たる場合は、日除けの対策をとると、ハダニやアブラムシがつきにくい
③ 乾燥しやすいので水やりに注意する。乾き過ぎるとハダニがつきやすくなる
④ コンテナはなるべく軽いものがよい。通気性、水もちのよいテラコッタや木製のものがおすすめ（プラスチックや缶は、熱の伝導率が高いので乾燥しやすく根を傷める）

お世話で意識していること

① 花柄をまめに取る
② 毎朝水やりをしながらハーブの状態をチェックする
③ なるべく部屋から眺められる位置に鉢を設置する（部屋からの眺めも大事）

ベランダで育てやすいハーブ

① 乾燥に強いものなら大丈夫。ローズマリー、タイム、ラベンダー、ミント等

1章

二十四節気を楽しむ

二十四節気は、2500年以上前に古代中国の黄河流域で作られ、

6世紀頃日本に伝わってきたと言われています。

太陽や月の動きを基に、季節の移り変わりを折り込んで作られました。

1年を春夏秋冬に分け、さらにそれぞれを四季、気候の視点で6等分しています。

日々の忙しさに追われ薄れる季節感。

四季折々の変化や移ろいを、楽しみながら過ごし暮らすことの大切さを、

この二十四節気で思い出してみませんか。

春　立春、雨水、啓蟄、春分、清明、穀雨

夏　立夏、小満、芒種、夏至、小暑、大暑

秋　立秋、処暑、白露、秋分、寒露、霜降

冬　立冬、小雪、大雪、冬至、小寒、大寒

ハーブを使ったレシピについて

・家庭でできる簡単でおいしい料理やスイーツをたくさん紹介しています。

　料理などに添えているハーブは、福間家で育てているもの。

　もちろん、なくてもいいですが、ちょこっと摘んで飾るだけで、

　見た目も華やかにおいしそうになります。

・びん等に保存するときは、必ず煮沸消毒しましょう。

February

Risshun

「立春」

2月

二十四節気の第一、
太陰暦はここから正月、1年が始まります
春への一歩です

光がまぶしく感じられます。いくぶん、日の入りがのび、夕暮れがゆっくりしてきた気がします。暖かい日には春を探しに土手へ散歩に行き、薬草の芽が出ていないか探します。オオバコ、ヤエムグラ、スズメノエンドウ、スイバ等を見つけることができるかもしれません。庭の椿も1輪1輪咲き始めています。椿の花びら、ローズマリー、ビオラの花をシュガーコートするのも楽しい季節。ベランダのカレンデュラでチンキを作り、カレンデュラのリップクリームやハンドクリームを作ったりして楽しみます。

春の花でシュガーコートを

春いちばん、可憐な花を咲かすビオラでシュガーコートを作ります。（作り方→p83）ローズマリーの花も清楚です。

ローズマリーの花。

カレンデュラの花。

早春の花を飾って。

「雨 水」

降る雪がゆっくりと雨へと変わる頃
寒さが緩んで雪解けが始まり、
春の訪れを感じます

野菜たっぷりのポトフで冷えた体を温めましょう

雨水はかたく閉ざした土を溶かしてくれます。木々の芽も膨らみ、梅の蕾も少し開いてきます。手仕事をして春を待ちます。いちばん咲きのミモザを使ってリースを作ります。バレンタインの小さなハートのハーブ石けんを作ったり、春の庭の準備もしたりしなければなりません。この季節はスパイスや乾燥ハーブを使ったスープをよく作ります。春キャベツが出始めると、キャベツを丸ごと使ったレモンコンフィのポトフが定番です。甘味がたっぷりのキャベツ、カブ、ジャガイモ、ニンジン等を大きいまま鍋に入れ、セロリ、パセリ、タイム、ローリエ、ローズマリーをしばってコトコト煮ます。放っておいても野菜とレモンからおいしいまろやかなスープが出てきます。体の芯が温まり、冬で疲れた胃腸の調子も整えてくれるでしょう。コールスローもハーブを入れて、ドイツ風に作ります。

● レモン塩味コンフィ

材料（750cc）
グラニュー糖 … 250gと50g
　（きび砂糖でもよい）
レモン … 4個
塩 … 50g
水 … 400cc

① シロップを用意する。鍋に水と砂糖250gを入れて沸騰させ、火を止める
② ボウルに塩と砂糖50gを入れよく混ぜておく
③ レモンをよく洗い、縦4等分に切る。このとき切り離さないようにする
④ ③にたっぷりと②を詰める
⑤ ④をびんに縦に入れ、残りの②を振り入れる
⑥ ①をびんの口までそそぎ、レモンが浮いてこないようにする

＊最低1カ月、日の当たらない場所に保存

利用方法
・煮込み料理（チキン、ポトフ等）
・果肉をサラダに、シロップはドレッシングに
・レモン風味のパスタに
・シロップを煮詰めて魚のフライやソースに

21

● 春キャベツのレモンコンフィポトフ

材料（2人分）
キャベツ … 1/2個（2等分）　ニンニク … 1片（みじん切り）
鶏もも肉 … 300g（ひと口大）　レモン塩味コンフィ
タマネギ … 1個（4等分）　　　… 大さじ3〜4
ジャガイモ … 1個（4等分）　白ワイン … 1カップ
リンゴ … 1個（8等分）　　　水 … 野菜がかぶるくらい
ブーケガルニ　　　　　　　塩、コショウ … 適量
　ローリエ … 1枚　　　　　オリーブオイル … 大さじ2
　タイム … 3本
　セロリ葉の部分 … 適宜
　パセリ … 2本

① ブーケガルニは結んでおく
② 鍋にオイルを入れ、ニンニクを炒め香りを出す
③ ②に鶏肉を入れて両面に焦げめがつくらい焼いたら、キャベツ、タマネギ、リンゴ、ジャガイモを入れて炒める
④ ③にワインを振り入れ、ブーケガルニ、レモンコンフィ、水を加える
⑤ やわらかくなったら塩、コショウで味を調える

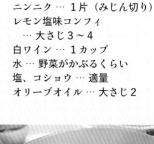

● 春を待ちながら かわいいハート形の石けん作り

（作り方→p65）

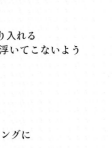

「啓蟄」

Keichitsu

3月

「光の春の節分」とも言われ、
冬ごもりをしていた小さな生き物たちが
動き始めます

● 桃の節句に椿餅

材料（20個）

餅米 … 1カップ
米 … 1カップ
塩 … ひとつまみ
ハイビスカス … 大さじ2
　（熱湯で色出し）
小豆 … 1カップ
砂糖 … 50g
塩 … ひとつまみ
椿の葉 … 20枚

① 餅米と米、塩、ハイビスカスを入れて炊飯する
② 鍋に小豆を入れ、かぶるくらいの水で炊く
③ ②がやわらかくなったら砂糖を入れよく撹拌する。ノの字がかけるくらいになったら、塩を入れて火を止める
④ 炊き上がった餅を半づきぐらいに潰し、ピンポン玉くらいに丸める
⑤ 小豆も餅より少し小さめに丸めておく
⑥ ④を平たく伸ばし、⑤を包む
⑦ 椿の葉を⑥の上にのせる

ハーブをたっぷり入れて体や心をリフレッシュ！

● デトックスハーブティーを

パセリ、ネトル、フェンネル、ローズマリーの葉をミックスし、大さじ1をポットに入れてお湯をそそぎ、3分間抽出する。温めておいたカップにそそぐ

● ネトルのふりかけ

ネトル、シソ、しらす、ミント、ゴマ、かつお節各10g用意し、ゴマ油でネトル、シソ、しらす、ミントを煎り、砂糖、みりん各大さじ2、しょう油大さじ3、かつお節を加え煎る。水分がなくなったらゴマを入れてでき上がり

春の暖かい日差しに人も植物も目を覚まし、優しい光の下、深呼吸を始めたくなるようなときなのでしょうか。足元ではもうアリが忙しそうに歩きまわり、春いちばんにいつもやってくるモンキチョウがスミレやツルニチニチの花の蜜を求めて飛んできます。オオイヌノフグリが大地をブルーに染め、ぺんぺん草（ナズナ）の白い花が風に揺れています。いよいよ薬草摘みの到来です。3月の桃の節句には、祖母が京都まで買いに行ってくれた小ぶりの内裏雛を飾ります。我が家では、椿の花を添え、椿の葉を敷いて椿餅を供えます。ハイビスカスでピンクの色をつけた道明寺餅です。この時期は冬で疲れた体内の調整をします。体内に蓄積された老廃物を排出するために、ネトルのお茶を作ったり、ネトルとゴマとしらす等でふりかけを作りいただきます。ハーブで体や心のリフレッシュをします。

「春分」

太陽が真東から出て真西に沈む日です
自然をたたえて生命を
慈しむ日だと言われています

植物たちが太陽の方にいっせいに手を伸ばして伸びていく感じがします。春分の日には、祖先に感謝する意味で庭の花を持ってお墓参りをします。父母の好きだった食べ物や、収穫した小豆、餅米で牡丹餅を作りお供えします。ヨモギを摘んですり潰し、山芋に混ぜたとろろ蕎麦もお供えします。この日は農作物の植えつけに適しているとされていることからハーブや草花の苗を植えつけます。また４、５月のスケジュールを作り、ガーデンのイメージも考えます。鉢用の土作り、ハーブと木酢液で作る消毒薬も作っておきましょう。春の到来を心から楽しめる時期です。

福間家の季節のメニューはキッチンにかけられた黒板で告知。

ハーブの土作りや苗植え、
消毒液作りと大忙しの季節です

● 消毒液もハーブで

福間家消毒液は安心安全な手作り。トウガラシ10本、ニンニク５片、ショウガ２〜３cm角、ハーブ３〜４種類（バジル、タイム、ローズマリー、フェンネル等）を500mlのびんに入れて木酢液をそそぎ、２〜３カ月漬け込んでこす。200倍くらいに薄めて散布。病虫害の予防として１カ月に２回くらい散布する。

● 春野菜のオルトラーナ（パスタ）

材料（2人分）

リガトーニ … 150g	ニンニク … 1片
新タマネギ … 1/2個	チーズ … 1カップ
春キャベツ … 2枚	（パルミジャーノ）
茹でタケノコ … 適宜	白ワイン … 大さじ2
アスパラガス … 2本	オリーブオイル … 大さじ3
ミニトマト … 4個	塩、コショウ … 各適量

① ミニトマトは半分にカット、他の野菜はひと口大にカットする
② ニンニク、チーズをすり下ろしておく
③ 鍋に湯を沸かし、塩大さじ１を入れて12分、リガトーニを茹でる
④ 茹で時間が残り３分になったらトマト以外の野菜を入れる
⑤ 茹で上がったらボウルに移し、トマト、ニンニクを入れて、オイル、ワイン、チーズをかける。塩、コショウで味を調え、ハーブを飾る

23

April

Seimei

「清明」

4 月

清浄明瞭からきています
清々しい青空が広がり、全てのものが
生き生きと清らかに見えるときです

24

少し前に寄せ植えしたハーブたちもすくすくと成長して美しい姿になりました。初々しく淡いトーンのグリーンの葉を背景にピンク色のバラが咲き始め、庭は少しずつ色づいていきます。

南東から優しい清明風が吹いてきます。春の到来を知らせる風ですが、今では花粉や黄砂が舞い、とても辛い季節と感じます。華やかな桜もひと段落し、緑あふれる新緑の季節がやってきます。4月8日は、花祭り、お釈迦様の日、灌仏会（かんぶつえ）です。幼い頃、お出かけ用のワンピースを着て祖母に連れられ、お寺に出かけました。花で飾られたお釈迦様は、頭から甘茶をかけてもらい、穏やかな顔をして人差し指を天に向けて真っすぐ伸ばしていました。その姿は小さな私にとって印象的でした。
庭ではシャクナゲの花が少しピンク色に染まり、紫の諸葛草（しょかつそう）が緑に映えていたことを思い出します。

庭のハーブたちがぐんぐん伸びる季節
庭仕事も忙しくなります

草花は勢いよく伸びていきます。密集し過ぎて蒸れないように毎朝見まわりながらの庭仕事です。切り戻した葉は、お茶や料理に。捨てるところはありません。

「穀雨」

百穀を潤す春の雨が降る頃
ひと雨ごとに草木がぐんぐん伸びていく、
そんな季節です

バラも見頃になります。緑あふれる庭でのお茶会。この季節ならではの、贅沢な時間。

カモミールやバラの花で
庭は甘い香りに満ちています

我が家の草花も雨が降るたびに、朝起きてびっくりするくらい伸びています。植物にとって恵みの雨です。緑に覆われた景色に感動する季節、ロシアンオリーブの乳白色の花、大手毬（おおでまり）の白の房、クレマチスの釣鐘形の白、みなそれぞれにグリーンの葉が美しく花を引き立てています。農作物を潤すこの雨で、春分の頃にまいた種が芽を出し間引きの時期になります。ハーブの植えつけにも適した季節です。4月後半から立夏までの間、庭のカモミールがいちばん早く花をつけます。青リンゴの香りがするカモミールの花は、スコーンに入れたり、ハーブティーにしたりして、季節の贈り物を楽しみます。柿の葉の緑も美しく、柿の葉茶を作るのに最適な季節です。庭の片隅に生えている嫁菜（野菊）の新芽を摘んでサクラエビと一緒に嫁菜ご飯にします。植物たちは美しい季節へと移り変わっていきます。

カモミールの花が開いたら、カゴに摘んで楽しみます。
カモミールのスコーンとティーで庭仕事もひと休み。

25

Rikka

「立夏」

5月

夏の始まりのとき、爽やかな季節です
若葉は風に揺れ、田んぼには水が張られます

26

緑がいちばん美しく輝いている季節。家の中にいても、開け放した窓から心地よい風と共に爽やかな空気が入ってきて心も体も癒されます。

我が家の庭でも、山ブドウの小さな花が咲き、葉には青ガエルが乗り、力いっぱい鳴き始めます。梅の木にてんとう虫の幼虫が現れてくるのもこの時期です。てんとう虫は益虫なので大事にします。庭の土をハーブの植えつけのために掘り起こすと、ミミズがニョキリと顔を出します。よい土作りのための活躍を期待します。また、おいしいタケノコが食卓に上るのもこの季節。タケノコはワカメ、やわらかなフキと共に炊きます。
梅の木にホトトギスがやってきました。グレーのコートにお腹は白と黒のボーダーシャツ、なんてオシャレなのでしょう。「てっぺん　かけたか」と鳴くと、母に教えられたのを思い出します。爽やかな5月の空には、鯉のぼりが似合います。青空の下、気持ちよさそうに泳ぐ様子は、なにか元気をもらえる気がします。

バラづくしのテーブル
花びらを浮かべたティーで見た目も美しく

「小満」

あらゆる生命が満ち満ちていく時期、
植物が勢いよく成長していくのが
感じられる季節です

成長を競い合うかのようにぐんぐん伸びるハーブたち。
ラクスパーのピンクの花が緑の中に優しい彩りを添え
ます。

ハーブガーデンでは、フェンネル、ベルガモット、ラクスパーたちがいつの間にか私の背を超しています。田んぼには稲が植えられ、薄い緑と水の絨毯ができ上がります。晴れた日には水鏡のように青空と白い雲が映ってとてもきれいです。畑では、黄金色の麦が風に揺れて収穫を待っています。ガーデンの端に植わっているジューンベリーは収穫のときを迎え、鳥たちが大騒ぎです。私の分も残してもらわなくては、と競争で収穫に励みます。食卓にはそら豆、アサリ、鰹等が並び、初夏の恵みに舌鼓を打ちます。

ガーデンでは、一季咲きのバラがそろそろ終わります。バラジャム、バラのローション、バラ石けんなどを作るのに大忙しです。もうすぐ梅雨がやってきます。

植物たちのあふれる生命が、
私たちにたくさんの恵みを与えてくれます

咲き終えたバラの花びらを集め、ジャムを作ったり、バラチンキと精油を使って甘い香りの保湿ローションを作ったり、バラ時間を楽しみます。
（作り方→p95）

Boshu

「芒種」

6月

イネ科の植物の種をまく時期
水田に植えられた稲の苗が
すくすくと育ち始めます

28

ベルガモットの花がひときわ鮮やかに咲き乱れる初夏の庭。

新茶とハーブのグリーンブレンドティー！

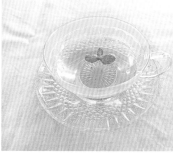

水が張られた水田に、小さな緑色の苗がまるで小学1年生のように並ぶ姿は、日本の風物詩のひとつですね。畑では麦が収穫の時期を迎えています。

もうすぐ梅雨になります。雨の恵みを受け、緑がとてもきれいに見える季節。植物もどんどん伸びていきます。庭のハーブたちもそれぞれかわいい花を咲かせ今がいちばんの見頃でもあります。

雨が続き、家にこもる時間が多くなるこんな時期は、爽やかなハーブティーに元気をもらいます。おいしい新茶を使ったグリーンブレンドで、身も心もリフレッシュしましょう。

● 新茶を使ったグリーンブレンド

① 左から 桑の葉、新茶、ローズマリー、レモンバーム、スペアミント
② ハーブの葉をちぎって、ポットに入れる。手でちぎると香りが出る
③ 熱湯を入れて3分蒸らす。成分が逃げないように必ずふたをする

＊冷たくするときは、冷蔵庫で冷やし、必ずその日のうちに飲みきる（成分が抜けるので）

「夏至」

北半球では、1年で最も昼の時間が長い日です
梅雨も真っ盛り。夏の準備を始めましょう

我が家では、この日は夕暮れからロウソクの火を灯して電気を消し、明かりの大切さを感じながら、夕餉の食卓にハーブを飾ります。ロウソクの明かりは、気持ちを穏やかにしてくれます。

ハーブでは、聖ヨハネの日でセントジョーンズワート（セイヨウオトギリソウ）の刈り取りの日です。この花を摘み取り、40度のアルコールに漬け込みます。サンシャインサプリメントと呼ばれ、精神を安定させ、生体リズムを整えてくれるチンキです。外傷、打撲、むくみの改善にも使われます。ハーブを活用して、夏の暑さに備えましょう。

● 爽やかシトラスのハーブティー

レモンバーベナ、レモンバーム、ペパーミント、レモングラスの葉をちぎってポットに入れ、熱湯を入れて3分蒸らす

ハーブを活用して暑い夏に備えよう！

● 虫除けスプレー

レモングラスチンキ
　… 10cc
ドクダミチンキ
　（作り方→p96）… 10cc
精製水 … 30cc

容器に入れ、1カ月をメドに使いきる

● 虫刺されジェル

アロエジェル（生があればこそげとって）… 20ml
ドクダミチンキ（作り方→p96）… 小さじ1/4

小さめの容器にアロエジェルとドクダミチンキを入れ、乳白色になるまでよく撹拌する

「小暑」

Shosho

7月

暑さがだんだん強くなってくる時期
梅雨明けも間近ですが、
焼けつくような暑さが身にしみます

30

夏の風物詩。手描きの風鈴が涼やかな音を奏でてくれます

7月7日七夕の料理は、ハーブビネガーの七夕洋風チラシ（作り方→p87）と完熟トマトの冷たいスープで、さっぱりといただきます。暑い季節は、ハーブビネガーが大活躍です。

● 完熟トマトの冷たいスープ

材料（2人分）
トマト … 3個
　（トマト缶なら1缶）
塩、コショウ … 各適量

① ブーケガルニ（p21参照）で野菜スープを作り、トマトを入れひと煮立ちさせる
② 塩、コショウで味を調え、冷まして真ん中に、生クリームを入れる

小さな頃の思い出に七夕があります。家族で笹飾りを作ります。短冊に願いごとを書いたり、和紙や折り紙で網や船を切ったり、輪飾りを作って笹の枝につけて軒下に飾ります。
今年は七夕飾りに、笹と7種類のハーブをまとめて七夕花扇を作りましょう。縁起のよい末広がりの七夕花扇は檀紙に包んで宮中に献上したという習わしがあり、飾ったあとは池の水に浮かべて星に手向けたそうです。星への素敵な思いのような気がします。笹のカサカサとたてる音が邪気を払う力がある、とも言われています。
また、我が家では手描きの風鈴を出す時期です。ちょっとへたくそな絵も軒下にたくさん吊るすと、なんともかわいい音を奏でて涼を誘ってくれます。

● 7種のハーブの花扇

ジャスミン、エキナセア、キャットミント、レモンバーム、ルー、ベルガモット、アザミ等で花束を作ります。

「大暑」

7月23日頃土用に入ります。1年のうちで
いちばん暑いこの日は、体をいたわり、
精のつく物を食べて暑さをのりきりましょう

真夏の太陽を浴びた庭の植物も、部屋の中から眺めると、とても涼しげ。
緑の木陰も木漏れ日がチラチラ、涼を誘います。心地よさを探して、快
適に過ごしたいものです。

照りつける太陽は人だけでなく植物たちも疲れさせます。暑気
払いに朝早く起きて水打ちをします。ホースで庭、ベランダの
植物たちに水をたっぷり、ゆっくりあげます。太陽が昇ってき
ても、ヒンヤリした風が開け放した窓から入ってきます。それ
も束の間、暑い1日が始まります。

この時期の我が家の元気を取り戻す飲み物に
・ショウガを入れた冷たい甘酒
・ショウガとクローブ、シナモンで作ったジンジャーエール
・ミント、レモンバームのシロップで作った炭酸水レモン添え
・クエン酸たっぷりの冷たいハイビスカス、ローズヒップティ
ー
ハーブたちが食欲を促してくれます。

バジルをたっぷり使ったソーメンとグリーンスープ（作り方→p51）。
バジルの香りは、食欲を増進させてくれます。

「立秋」

Risshu

8月

夏の暑さのピークから秋に向けて、
季節の移り変わるとき。夕方の涼風、虫の音…
小さな、小さな秋の気配を感じる季節です

お盆には小豆を煮ておはぎを作り、お供えします。庭の様子も、暑さが
やわらいで少し落ち着いてきました。食卓には季節の花を摘んで飾りま
す。季節の移り変わりをゆっくり味わいます。

立秋の頃の庭は、まだまだ緑も元気
木陰に入るとちょっぴり秋の気配を感じます

32

空は入道雲から秋雲のいわし雲、うろこ雲などにステージが変
わります。
8月7日立秋から22日の間に大事な行事、お盆がやってきま
す。我が家では11日に施餓鬼さんにお供え物をしてねぎらい
ます。幼い頃、「アゲハチョウやトンボの背中に乗ってお盆さ
んはいらっしゃるのよ」と母に言われて殺生はしてはいけない
ことになっていました。
お盆の準備は、前日に水につけておいた小豆をコトコト煮てあ
んこを作ります。中は上新粉のお団子です。迎え団子ができ上
がると、ナスで牛、キュウリで馬を作るのも子どもの役目でし
た。今年はミントやチャイブ、シソ、ミョウガを細かく刻んで
ゴマ味噌に混ぜ、冷たいお豆腐にのせてお供えしてみましょう。
盆が終わると急に朝晩、涼風を感じます。

ハーブをたっぷり使ったピ
クルスを作ります。ほどよ
い酸味が効いた野菜で体を
元気にします。（作り方
→p100）

「処暑」

**8月23日頃を過ぎると暑さも峠を越し、
虫の音もひときわ元気な声のように聞こえます**

季節の花と収穫した野菜を飾って、夏の終わりのひとときを過ごします。

庭にはアキアカネなどトンボの姿が多くなり、女郎花、ワレモコウ、ノコンギクなどが色を添えます。ご近所のブドウ園に足を運ぶのもこの時期です。イワシのおいしい季節なので、ハーブバターを使ってイワシのオーブン焼きが食卓を飾ります。

涼しくなり始め、手仕事も進みます。涼しい部屋で読書をしたり、収穫したハーブでサシェや石けん、化粧水を作ったり手仕事をしながら心穏やかに過ごします。

おうちでゆっくり　ハーブを使って手作り時間

● 優しい香り　タンスに入れる虫除けサシェ

ドライのラベンダー、ペパーミント、タイム、ローズマリーを袋に詰め、リボンで結んでタンスへ。1年で取り替えます。

● お庭のハーブで爽やか入浴剤

お気に入りの布やリボンでちくちくと。プレゼントしても喜ばれそう。（作り方→p91）

33

September

Hakuro

「白露」

9月

すっかり秋の気配です
夏の暑さも徐々におさまり、
ゆっくりと時間が流れていきます

34

葛の葉の上に里芋で作ったお団子を盛り、ススキやフジバカマ、ミズヒキ等、秋の七草と一緒に飾ります。

● 秋の花

カリガネソウ　　　　クジャクソウ　　　　メドーセージ

しっとり落ち着いた初秋のハーブの庭
涼やかな風が通り抜けていきます

夜のとばりが下り、大気が冷えて朝露となるのでしょう。朝早く庭の草花の葉の上に露が光るときがあります。秋の草花が花屋の店先に並び、虫の音も次第に大きくなってきました。

9月9日には重陽の節句がやってきます。五節句のひとつで菊の節句、栗の節句とも呼ばれています。栗ご飯、菊のお浸し、お酒に菊の花びらを入れた菊酒等をお供えして無病息災を願います。庭の秋の七草を摘んで添えてみましょう。
中秋の名月にはお月見の設えをします。お皿に葛の葉を敷き里芋を飾り、ススキと庭のフジバカマをいけて、カゴに秋の収穫物を入れ窓辺に飾ります。ススキは悪霊を追い払う意味があるそうです。家族の無病息災をお月さまに願います。

「秋分」

**太陽の分岐点なのでしょう
この日を境に夜が少しずつ長くなっていきます**

左／焼きナスのハーブソースがけ（作り方→p70）
右／栗ご飯（右記）

食欲の秋。秋の味覚をたっぷり食卓にのせましょう

● 栗ご飯

材料（4人分）
赤米 … 小さじ1
米 … 2カップ
栗 … 15個ぐらい
みりん … 少々
塩 … 小さじ1
スペアミント … 大さじ1（みじん切り）

① 栗は皮をむき、水に30分つけておく
② ミントを除いた材料と①を炊飯器で炊く
③ 炊き上がりに軽く混ぜ、ミントを混ぜる

● セージのうがい薬　　　● ローズマリーのシャンプー

ハーブ入りのシャンプーやうがい薬を作って、夏で疲れた体を整え、寒さに
備えて少しずつ準備をするのもこの季節の楽しみです。
セージのうがい薬（作り方→p75）
ローズマリーのシャンプー（作り方→p83）

いつの間にか日暮れが早くなり、暖かなぬくもりのある明かり
が恋しくなります。
秋分の日を真ん中にしてお彼岸は七日あります。彼岸の入りは
父母の好きだった秋の味覚を選んでお供えします。栗のご飯や
秋ナスを使った焼きナスに庭のミョウガやミント、青唐辛子を
入れた味噌だれをたっぷりかけます。
中日はやはりおはぎです。近所の農家のおばあちゃんから届い
た無農薬の小豆で、おいしいおはぎができ上がります。お彼岸
最後の日は皆で片づけて仏さまを見送ります。
庭のウツギ、モミジ、山ブドウ等が少しずつ色づいて、いよい
よ秋が深くなってきます。

お彼岸には、コムラサキ、ナデシコ、ミズヒキ、ユーパトリウム、カリ
ガネソウ等、秋の七草を飾ります。庭では、他にもリンドウや菊等、色
鮮やかな花でにぎわいます。家の中にも秋の花を飾って移りゆく季節を
楽しみます。

「寒露」

Kanro

10月

晩夏から初秋にかけて
道端の草花や野菜に冷たい露が降ります
本格的な秋の始まりです

新米のお団子と庭のススキや
オトギリソウをお供に、十三夜のお月見

● 十三夜のお団子（新米の上新粉）

材料（15～20個分）
上新粉 … 120g
砂糖 … 大さじ1
熱湯 … 80～90cc

① 上新粉と砂糖をボウルに入れ、熱湯を少しずつ入れてかき混ぜる
② ①をよくこねてひとまとめにしてから4等分し、棒状にする
③ ②をさらに5等分にして丸める
④ ③を熱湯に入れて浮いてきたらでき上がり

スペインオムレツ
（作り方→p85）

植物が色づき始めた秋の庭。太陽のぬくもりがうれしそう。

あちらこちらの庭からふわぁっと金木犀の香りが漂ってきます。はらはらと散る金木犀の花を集めて乾燥させ、香りを楽しんだり、お茶にしたり、入浴剤を作ったりと楽しませてくれるのもこの季節です。

稲刈りもすっかり終わり、農家のおばあちゃんから新米が届きます。母はよく炊きたてのご飯をのりでクルクルと巻いて手渡してくれたものです。「新米はやわらかく欠けやすいので優しく洗ってね！」と言っていました。十五夜から約1カ月後にめぐってくる十三夜は「後の月、豆名月」と呼ばれるそうです。十五夜に次いで美しい月、秋晴れが多くなるこの季節、ゆっくりとお月さまを眺め、新米の粉で作ったお月見団子をお供えします。木々の間から差す日の光は穏やかで枯葉色の葉を照らします。そんな思いの初秋寒露の頃です。

「霜降」

空気がいちだんと冷え、
晩秋の花だんには霜が降り、
冬支度に忙しい季節です

朝晩の冷え込みで木々の紅葉はますます美しいグラデーション
を見せてくれます。霜降から立冬までに吹く北風は木枯らしと
呼ばれるそうですが、いよいよ寒さが増してくるのでしょう。
しかし、我が家にはとっておきの楽しみがやってきます。魔女
の大晦日であるハロウィンです。魔
界と現世をつなぐトビラが開き、先
祖が帰ってきます。部屋も庭も飾り
つけをしてお迎えに余念がありませ
ん。子どもたちは仮装をし、ジャッ
ク・オ・ランタンには火が灯されま
す。そして、11月の声を聞くと魔
女の新年になります。

庭も家の中もハロウィンの装いに
魔女の大晦日です

● ハロウィンのカボチャのクリームスープ

材料 （2人分）

カボチャ … 1/2個	水 … 300cc
タマネギ … 1/2個	生クリーム … 50cc
カボチャの種 … 適宜	ローリエ … 2枚
野菜スープの素 … 小さじ1	塩、コショウ … 各適量
オリーブオイル … 適宜	

① カボチャは皮をむいてひと口大に切り、茹でる
② 鍋にオイルを入れ、薄切りにしたタマネギを炒める
③ ②に①を加えさらに炒めてから水を入れ、ローリエ、
　野菜スープの素を入れて5分煮る
④ ③をミキサーにかけて元の鍋に戻し、生クリーム、塩、
　コショウで味を調える
⑤ ④を器に入れ、あらかじめ乾煎りしておいたカボチャ
　の種をのせる

● ハロウィンの　カボチャのプリン

材料
（小ぶりのカップで6人分）

カボチャ … 1/4個
きび砂糖 … 小さじ2
牛乳 … 150cc
生クリーム … 50cc
タラゴン … 少々
ゼラチン … 5g
白ワイン … 少々

① カボチャは皮をむいてひと口大に切り、茹でる
② フードプロセッサーにゼラチンとワイン以外の材料を
　入れ、クリーム状にする
③ 小鍋にワインを入れて沸騰させ、火から下ろしてゼラ
　チンを入れよく混ぜる
④ ③を②に混ぜて器に盛る。冷蔵庫で2時間冷やす
⑤ ④に好みのハーブを飾る

● ソウルケーキ

材料 （12個分）

バター … 100g	卵 … 1個
シナモンパウダー … 大さじ1	ナッツ … 30g
砂糖 … 50g	小麦粉 … 300g
クローブパウダー … 小さじ1/2	オリーブの葉パウダー … 小さじ1
ハチミツ … 20g	牛乳 … 小さじ1
レーズン … 30g	

① バターをクリーム状にして、砂糖、ハチミツ、卵を混
　ぜる
② ①に小麦粉、シナモン、クローブ、レーズン、ナッツ、
　オリーブの葉、牛乳を入れてよく混ぜる
③ ②を12個に分けて丸く平らにして十字を入れる
④ ③を180℃に温めたオーブンで20分焼く
⑤ 好みのハーブを飾る

37

November

「立冬」

11月

冬の始まり
朝夕の冷え込みが深くなってきますが
日中はポカポカと小春日和もあります

38

立冬という言葉に新しい季節の訪れを、そして自分の中にも凛としたものを感じる季節のような気がします。土手の草むらも草紅葉が広がってとても美しい色合いです。ヒタキやモズの鋭い声も聞こえてきます。窓から差し込む光もやわらかく部屋の奥まで届く様子に心が和みます。

ガーデンは秋じまいと冬支度で忙しくなります。伸びきった庭木の剪定、刈り取り、枯葉で堆肥作り、球根やビオラ、パンジー等の植えつけ、鉢の整理等。秋を惜しむ気持ちと冬を待つ気持ちが入り交じる季節です。

Ritto

枯葉も剪定後の枝も大活躍
役に立たないものはなし！

● 秋じまい　冬支度

枯葉を集め堆肥を作ります。

春咲きの苗を植えます。

寒さよけのふたは手作りで。

剪定した枝も無駄にしません。

汚れた鉢を洗って整理します。

秋の植物でリースを作ります。

「小雪」

部屋に差し込む太陽の光が
いちだんと低く感じます
寒さ対策をして、冬を迎えましょう

11月の第4木曜日はアメリカでは感謝祭（サンクスギビングデー）。収穫に感謝して祝います。七面鳥の日とも言われ、ディナーに七面鳥のローストをクランベリーソース等でいただきます。日本では11月23日が同じように勤労感謝の日、五穀の収穫に感謝して祝う「新嘗祭」です。神様に新穀を供え、秋の実りに感謝してみるのもよいと思います。我が家では鶏肉にハーブをたっぷりまぶしてオーブンで焼きマッシュポテトを添えていただきます。デザートはリンゴのタルトタタンが定番です。クリスマスに向けてリース作りが始まるのもこの頃からです。寒さだけでなく空気の乾燥が始まり風邪をひきやすくなります。レモンでコンフィを作ったり、レモンのハチミツ漬けを作り、お湯で割ってビタミンCの補給をします。いよいよ本格的な冬がやってきます。

本格的な冬に備えて、ハーブをたっぷり使った
料理や飲み物をいただきます

● **リンゴのタルトタタン**

材料（21cm型）
リンゴ … 5個　　　グラニュー糖 … 200g
バター … 120g　　　パイシート … 1枚

① リンゴの皮をむき4等分に切る
② 型にバターを入れ火にかけて少し焦がすぐらいに溶かして砂糖を入れキャラメリゼする
③ ②が冷めないうちにリンゴを隙間なくきっちり詰め、200℃に温めたオーブンで50分焼く
④ 焼き上がったらパイシートにのせ、冷蔵庫で2時間くらい冷やし固める

● **鶏肉のハーブたっぷりグリル**
（マッシュポテト添え　リンゴソースがけ）

材料（2人分）
鶏のもも肉 … 250g
ニンニク … 1片（みじん切り）
ミックスハーブ（鶏肉用
シーズニングスパイス）… 適量
塩、コショウ、酒 … 各少々
オリーブオイル … 大さじ1

① 鶏肉をひと口大に切り、塩、コショウ、酒を振る
② ①にハーブをたっぷり振る
③ フライパンにオイルを入れ、ニンニクを炒め②をじっくり焼く

● **リンゴソース**

リンゴ1個と赤ワイン大さじ4を鍋に入れて煮、やわらかくなったら潰す

● **レモンにユーカリ（パウダー）を加えた温かい飲み物**

空気の乾燥が始まり風邪をひきやすくなる季節におすすめ。

39

December

「大雪」

Taisetsu

12月

12月の声を聞くと、
なんだか忙しさが増すような気がします
空気も冷え冷えとして吐く息も白くなります

40

冷たい風が吹くと、いつの間にか手をこすったり、肩を上げた
りして力が入ります。12月の前半は家の中の片づけで、1年
の間にため込んでしまった物の整理が始まります。心の中もこ
の時期にゆっくりと整理して、新しい年を迎える準備をします。
クリスマスの準備もいちだんと忙しくなり、アドベントの明
かりも灯り始めます。ツリーやリース、花飾りなどの設えに、
　　　　　　　　楽しい時間を使うのもこの時期です。
　　　　　　　　家の中の大掃除には、ハーブのお掃
　　　　　　　　除パウダーを使います。24日のクリ
　　　　　　　　スマスまでには終わらせて、すっき
　　　　　　　　りとした気持ちで新年を迎えたいも
　　　　　　　　のです。

クリスマスの飾りつけや家の中の大掃除
楽しく忙しい時間を過ごします

● ヒムロスギで作るテーブルツリー

　　　　　　　　　　　　　　　＊ローズヒップ
　　　　　　　　　　　　　　野バラの実を乾燥させたもの
材料
ヒムロスギ
生花用吸水スポンジ
カップ
ドライフルーツ（リンゴ、オレンジ、ライム）
ローズヒップ（＊）
リボン

① スポンジを円錐形にカットし、水を含ませる
②①をカップに入れセットする
③ ヒムロスギをカットしてスポンジのトップから挿していく
④ いちばん下は少し下向きに広げながら挿す
⑤ 長さを調節しながら円錐形になるようにする
⑥ ドライフルーツから飾り付け、ローズヒップを散らし
　てリボンを飾る

● クリスマスブレンド

材料（2〜3人分）
ローズヒップ、レモングラス、ハイビスカス、
マローブルー、マリーゴールド
　（全てドライ）… 各小さじ1
シナモン … 小さじ1/2
カルダモン … 小さじ1/2

① 全てのハーブをボウルに入れ、
　よく混ぜる
② 温めたポットにブレンドしたハー
　ブを入れ、熱湯をそそぐ。ふ
　たをして5分蒸らす

きれいな色のハーブティーは目
も潤してくれるでしょう。

● 万能お掃除パウダー

材料
ペパーミント … 大さじ1
セージ … 大さじ1
重曹 … 1カップ
酢水 … 水で2〜3倍にうすめる

材料を合わせてびんに入れておく

使用方法
換気扇、網戸 … スポンジを濡らし、お掃除パウダーをつ
けて拭き、あとで水拭きをする
排水口 … お掃除パウダー1カップを振りかけてから酢水
1/2をそそぎ30分後に熱湯で洗い流す
窓ガラス … 湿らせたスポンジにお掃除パウダーを振りか
けて汚れを落とす。水拭きをしてから乾拭きする
フローリング … バケツに水をペットボトル2杯くらいとお
掃除パウダー1/2カップ、酢を少々入れて拭き掃除をする。
汚れがひどいときは、お掃除パウダーのペーストを作って
汚れ部分に塗り、乾くまでしばらくおく。拭き取って水拭
きをする
トイレ … 便器はお掃除パウダーをかけて少しおいておき、
ブラシで洗い流す。床はお掃除パウダーと酢水でかたく絞
った雑巾で拭く

「冬至」

1年で昼の時間が最も短く、夜がいちばん長くなる日
この日を境に日照時間は少しずつ長くなり、
光や希望を感じさせてくれます

太陽の光はやわらかく弱く、午後には早くに日差しの陰りを感じ、夕暮れが早くやってきます。お正月の準備に取りかかるのもこの時期です。庭ではすっかり冬支度、宿根草を地際から切り、ワラをかけて寒さから守ります。ユズを収穫するのもこの時期です。ユズは、昔は「厄払いをする」「運を呼び込む」と言われ、ユズを体にすり込む習慣があったそうです。冬至には我が家もバスタブにユズを浮かべ温まります。運を呼び込むことができるでしょうか。また、冬至にはカボチャの料理をします。夏に収穫しておいたカボチャは甘くホクホクとして、風邪を追い払ってくれるでしょう。もう少しでお正月です。

忙しさが増すこの季節は
冬野菜や果物を使って体の芯から温めましょう

● 冬野菜とイカのセート風煮込み

材料（4人分）

イカ … 1杯	ニンニク … 1片（みじん切り）
タマネギ … 1/4個	アンチョビ … 3枚（みじん切り）
（みじん切り）	塩、コショウ … 各適量
タマネギ … 1/4個	エルブドプロバンス（p42）… 適量
（2mmのスライス）	カボチャ … 1/8個（くし形切り）
芽キャベツ … 8個	カブ … 2個（くし形切り）
トマトホール缶 … 1缶	オリーブオイル … 適量

① イカは皮をむいて輪切り、ゲソは細かくぶつ切りにする
② キャセロールにオイルを入れ、ニンニク、アンチョビ、タマネギのみじん切り、イカのゲソを入れて弱火で炒める
③ 香りが出てきたら芽キャベツ、タマネギのスライスを入れて中火でしんなりするまで炒め、イカの輪切りを入れる
④ イカに色がついてきたらトマトと水を入れる。沸騰するまで強火にし、その後弱火で煮込み、エルブドプロバンスを入れる。塩、コショウで調え、15～20分煮込んででき上がり
⑤ カボチャとカブをソテーして盛りつけた料理の上にトッピングし、好みのハーブを飾る

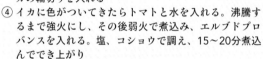

41

● ユズのシロップケーキ

材料（21cmのリング型）

ユズ … 1個	卵 … 2個
シロップ	薄力粉 … 170g
砂糖 … 60g	ベーキングパウダー … 小さじ2
水 … 100cc	塩 … ひとつまみ
ユズの搾り汁 … 1個分	牛乳 … 大さじ2
ラム酒 … 大さじ2	粉砂糖 … 適宜
無塩バター … 110g	レモンバーム、カレンデュラ
きび砂糖 … 60g	… 各適宜

① バターを室温でやわらかくしておく
② 型にバターを塗り、粉を振って冷蔵庫に入れておく
③ ユズの皮はみじん切りにして砂糖をまぶし、果汁を搾っておく
④ オーブンを180℃に温める
⑤ 鍋に砂糖、水を入れて煮溶かし、火を止めユズの搾り汁とラム酒を加えてシロップを作り、冷やしておく
⑥ ボウルに①を入れてクリーム状に混ぜ、砂糖を加えてよく混ぜる
⑦ ⑥に卵を1個ずつ加えてそのつどよく混ぜ、牛乳を加える
⑧ 薄力粉と③のユズの皮、ベーキングパウダー、塩をよく混ぜてから、⑦に加える
⑨ ⑧をざっくり混ぜたら②に入れ、180℃に温めたオーブンで25分焼く
⑩ 焼き上がったらひっくり返して、熱いうちに⑤をかける
⑪ 冷めたら粉砂糖をかけて、レモンバーム、カレンデュラの花を飾る

January

「 小 寒 」

1月

いよいよ寒さが増すとき、
1年で最も寒い季節の始まり、そして寒の入りです。
寒明けまで厳しい寒さが続きます

我が家の庭のハーブガーデンはすっかり冬景色です。ツルバラ、山ブドウの剪定、寒肥（バーク堆肥）や天地替え等、この季節は忙しい日々が続きます。昨年の暮れに漬け込んだ7種類のハーブのお屠蘇もお正月に大活躍です。4日には小豆雑煮をいただきます。その年に収穫した小豆が暮れに届きます。これをひと晩水につけてコトコト煮て、おいしい小豆を炊き上げます。小豆の煮汁に丸餅が入ります。赤色に邪気を払う力があるとされ、栄養的にもすぐれている小豆で新年を祝ったようです。7日は七草粥。この季節に用意できるものをお盆にのせて神棚に供え、無病息災を願います。今年はセリ、ナズナ、スズシロ、ミント、イタリアンパセリ、セージ、カレンデュラ等、ハーブたちも色を添えます。塩味のお粥は、お正月で疲れた胃には優しく感じられます。

● 薬草酒でお屠蘇

びんにハーブと砂糖を適量入れて、口までアルコールをそそぎ、1週間漬け込む（作り方→p53）

1年の健康を願ってハーブがたっぷり入った
お屠蘇と七草粥を　　*各ハーブは容器に合わせて好みの量で

● 乾燥させたハーブで
　シーズニングスパイスを
　作る

・魚料理
ローズマリー
タイム
セージ
パセリ
フェンネルリーフ

・鶏肉
パプリカ
オレガノ
イタリアンパセリ
タイム
オールスパイス

・ハンバーグ、シチュー、
　ソーセージ
タイム
オレガノ
ナツメグ

・エルブドプロバンス
ローズマリー
タイム
フェンネル
セージ
ローリエ

● ハーブもたくさん！　七草粥　（作り方→p63）

「大寒」

二十四節気もひと巡りの節目です
寒さもピーク。植物たちも土の中で
息をひそめています

庭の花だんは、ワラの布団がかけられ暖かそう。ワラの下では植物たち
が今か今かと出番を待っています。

寒さに耐え、
春を待つこの季節の庭も静かで美しい

43

大地も植物もかたく閉じています。それでも中頃になると、少
しずつ植物の芽が動き始めているのを感じます。スノードロッ
プ、クリスマスローズも庭のあちこちで咲き始め、ゆっくりと
春が近づいてきています。冬と春を行ったり来たりするこの季
節、春への思いが募ります。
２月に入ると節分の豆飾りの準備をします。ヒイラギを玄関に
かけて邪気を払い、災いが家に入らないようにと願います。節
分は「季節を分ける」という意味もあり、冬と春の節目なので
しょう。
いよいよ立春。寒明けです。

玄関には、節分の厄除けスワッグをかけます。

おいしいハーブティーの淹れ方

ハーブを育てる楽しみのひとつは、摘みたてのハーブで淹れて楽しむ
ティータイム。ちょっとした工夫で、香り豊かなハーブティーになります。

カップ1杯の分量

🌱 フレッシュ（生）ハーブ

① ポットとフレッシュハーブを用意する。ポット、カップは温めておく（フレッシュハーブの分量はドライハーブの3倍用意する）

② フレッシュハーブをポットの口まで入れ、熱湯をそそぐ

③ 3分間蒸らす

④ 3分蒸らしたあとカップにそそぐ（1杯分180mlくらい）

⑤ ハーブの葉を浮かべていただく

カップ1杯の分量

🌱 ドライハーブ

① ポットとドライハーブを用意する。ポット、カップは温めておく

② 小さじ山盛り1杯くらいをポットに入れる

③ 熱湯をそそぐ（1杯分180mlくらい）

④ 3分蒸らしたあと静かにカップにそそぐ

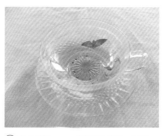

⑤ あれば生ハーブの葉を浮かべていただく

・かたい実や根などは熱湯を入れてから5分おく
・葉や化などは3分おいてからカップにそそぐ

ハーブの保存

ハーブの季節はどんどん収穫しますが、一度に使いきれませんね。
香りや味を長持ちさせる保存法を覚えておきましょう。

乾燥保存

● ハーブの摘み取り時期と自然乾燥

花の咲く前、朝早く日があまり高く上がらないうちに摘み取るのが、いちばん薬効があります。ハーブはそれぞれ少量ずつ束にしてひもで結び、直射日光の当たらない風通しのよい場所に吊るします。葉が完全に乾きカサカサに乾燥したら、びんなどの密閉容器に入れ、ハーブ名や日付等を書いたラベルを貼って湿気の少ない冷暗所で保存します。1年以内には使いきりましょう。

大きな窓のある風通しのよい部屋の天井に収穫したハーブを吊るしておく。カサカサになったら、ほぐしてびんに入れ保存する

ガレージの物入れも干しスペースに。道具にとけ込んでいてかわいい

よく使うハーブは、キッチンの天井に吊るしておくと便利

乾燥したハーブは密閉容器に入れ、ひと目でわかるようにラベルを貼って収納棚に並べておく

● 手早く乾燥させたいとき　電子レンジを使って

① 乾燥させたいハーブを軽く洗い、キッチンペーパーでよく水気を拭き取り、乾いたキッチンペーパーの上に茎を取った葉を並べる

② 500Wの電子レンジで5分乾かす

③ カサカサになったら手で揉んでほぐす

④ 冷めたらびんにラベルを貼って、保存する

冷凍保存

● 冷凍可能なハーブ

枝のまま … ローズマリー、タイム（フリーザーバッグに入れて冷凍室へ）
花びらや葉の状態で … ミント、コリアンダー、バジル、バラ、ボリジ（ラップに並べて包みフリーザーバッグに入れて冷凍）
細かく刻んだ状態 … パセリ、チャイブ、シソ（細かく刻んでフリーザーバッグ等に入れて冷凍）
＊使用する場合は解凍せず、冷凍のまま使用。冷凍してから1カ月以内に使いきる

フレッシュハーブのまま保存するとき

・フレッシュハーブのまま保存する場合は、保存袋に立てて入れ、口は開けたままにする。冷蔵庫で1カ月くらい持つ

・コップなどに水差ししたハーブは、毎日日水を取り換えるとかなり長く持つ。根が出たらその後鉢上げできる

その他の保存方法

・アイスキューブ用の容器にバジル、パセリ等のハーブとコンソメスープを入れ氷を作る。キューブを鍋に入れスープを作ったり、パスタ等にも活用できて便利

・アイスキューブ用の容器にバジル、パセリ、ローズマリー等を入れ、オリーブオイルを入れて凍らせる。フライパンにキューブを入れて、魚のポワレ、パスタ、ジャガイモ料理等に使う

・シソの葉をしょう油につける。冷蔵庫で1年は持つ。おむすびに巻いたり、乾燥さて揉むとふりかけになる

飾って　使う

ハーブを束ねてコップなどに挿し、キッチンや食卓に飾りましょう。
料理やお茶にすぐ使え、ハーブの香りや可憐な花に癒されます。

46

摘みたてハーブをキッチンや窓辺に

料理に使えるハーブ、お茶に使えるハーブ、香りを楽しむハーブ、見た目のかわいさを楽しむハーブ等、目的別に束にしてコップに挿しておくと便利です。できれば日光が当たる窓辺等に置いてあげましょう。

タッジーマッジー

ハーブの花束のことで、中世では流行していた疫病除けに使われました。18世紀に入り、幸せを招くお守り、魔除けになり、19世紀には、愛情の象徴として贈られようになりました。庭のハーブを摘んで、香りのおすそ分けをしたり、メッセージを託して大切な人へ贈るのは、庭で育てているからこそできる素敵なプレゼントです。

2章

あると便利なハーブ事典

ここでは、初心者にも比較的育てやすく家庭にあると便利で楽しめる
おすすめのハーブを1年草、多年草、木本に分けて紹介します。

・1年草　48
・多年草　66
・木本　80

特徴

データ

品種

お世話

作業カレンダー

レシピ

Note

1年草のハーブ

春に種をまいて発芽し、花が咲きます。

秋には種ができ、1年以内にサイクルが終了する植物です。

苗が比較的安価なものが多く、管理しやすく育てやすいので、手軽に楽しめます。

まめに花柄を取ったり、混み合った枝を整理したりして育て、四季を楽しみましょう。

「この本で取り上げている1年草のハーブ」
・バジル　50
・カモミール　52
・ナスタチウム　54
・ボリジ　56
・トウガラシ　58
・シソ　60
・パセリ　62
・カレンデュラ　64

バジル

Basil

50

Origin　由来　「和名メボウキの由来」

和名のメボウキは江戸時代に、水に浸してゼリー状にした種子で目に入ったゴミを取り除いたことから、目の掃除＝メボウキと言われたようです。

イタリア料理に欠かせない人気のハーブ

バジルはギリシャ語の「王様」を意味し、原産地のインドでは、愛のお守りとして、大事にされてきました。150種類以上の品種があり、なかでもスイートバジルは料理用ハーブとして人気が高く、イタリア、地中海料理等に多く使われています。ニンニク、ナス、チーズ等と相性がよく、ビネガーやオリーブオイルに漬け込んだり、ジェノベーゼソースやハーブバターに利用したりして、風味とコクを楽しみます。トマトのコンパニオンプランツとしても利用でき、比較的丈夫で扱いやすく、おすすめのハーブのひとつです。

データ

Data		
	学名	*Ocimum basilicum*
	科名	シソ科　1年草
	和名	メボウキ
	別名	スイートバジル
	原産地	中国、インド、東南アジア、アフリカ
	草丈	30〜70cm
	使用部位	葉、種子
	用途	お茶、料理、美容、健康
	作用	鎮痛、抗菌、抗酸化、食欲増進
	効能	消化促進、神経性の頭痛、偏頭痛、不安症、細菌性の口内炎、咳

品種

Varieties

ホーリーバジル
別名トゥルシー、ガパオ。ヒンドゥー教の聖なる植物。メディカルハーブの代表的なハーブ。タイのガパオライスで知られている。抗ストレス、抗菌作用等。

ダークオパールバジル
スイートバジルの改良種で、紫の葉にピンクの花を咲かせる。

シナモンバジル
スイートバジルの品種。シナモンの香りでハーブティー、スイーツ等に。

ブッシュバジル
小さな葉がこんもり茂り、耐寒性がある。スイートバジルと同じ使い方ができる。

タイバジル
高さ30cmほどで葉に光沢がある。アニスの香りがし、グリーンカレー等の料理に使われる。

レモンバジル
高さ30cmほどで強いレモンの香りがする。魚、鶏料理、マリネなどに使われる。

			1 Jan.	2 Feb.	3 Mar.	4 Apr.	5 May	6 Jun.	7 Jul.	8 Aug.	9 Sep.	10 Oct.	11 Nov.	12 Dec.

Care

日当たり	日なた〜半日陰
水やり	表土が乾いたらたっぷりと
土	肥沃
耐寒性	弱い
耐暑性	強い
肥料	植えつけ時に元肥、成長に応じて追肥
病害虫	アブラムシ、ヨトウムシ、ハダニ

Work calendar

| 種まき |
| 植えつけ |
| 開花 |
| 切り戻し |
| 挿し木 |
| 収穫 |

バジルを使ったレシピ ――

Basil's recipes

🌿 バジルのジェノベーゼ　ソーメン

材料（4人分）

ジェノベーゼ
　バジル … 100g（パセリを足してもよい）
　ニンニク … 大1片
　松の実 … 30g（カシューナッツでもよい）
　アンチョビ … 2枚
　オリーブオイル… 200ml
　コショウ … 適宜
ソーメン … 6束
粉チーズ … 適宜

① フードプロセッサーにジェノベーゼの材
　料を入れてペースト状にする
② ソーメンを固茹でし、食べる直前に①と
　混ぜ合わせて皿に盛り、粉チーズを振り
　かけバジルを飾る

🌿 バジルを使ったグリーンスープ

材料（4人分）

ズッキーニ … 1本（小口切り）
タマネギ … 小1個（薄切り）
バジル … 10枚ぐらい
豆乳 or 生クリーム … 100cc
オリーブオイル … 大さじ1
ブーケガルニ（セロリ、タイム、
　ローリエ、ローズマリー、パセリ）
塩、コショウ … 各適量

① ズッキーニ、タマネギ、ちぎったバジル
　を厚手の鍋に入れ、オイルで炒める
② ①に水をひたひたに入れ、ブーケガルニ
　も入れてやわらかくなるまで煮る
③ ブーケガルニを取り出す
④ ③をフードプロセッサーで撹拌して鍋に
　戻し、豆乳、塩、コショウで味を調える。
　カップにそそぎ、バジルを飾る

🌿 トマト、カブ、バジルの
　フレンチドレッシングサラダ

材料

トマト … 好みで
カブ … 好みで
バジル … 好みで

① トマト、カブをひと口大に切る
② バジルの葉と共にフレンチドレッシング
　（下記）で和える

● フレンチドレッシング

材料

リンゴ酢 … 大さじ2
オリーブオイル
　… 大さじ2
塩 … 小さじ1/2
コショウ … 少々

51

● バジルシード

花の咲き終わりにできた黒い種を乾燥させて保存します。
乾燥させた種に水を入れると膨らみ、ゼリー状になります。
小さじ1杯のバジルシードを水150ccで戻します。1時間
ほどで膨張します。豊富な鉄分やビタミンKが含まれ、スー
パーフードとして使用されています。

＊水溶性の食物繊維のグルコマンナンが含まれているため、1
　日の摂取量はスプーン1杯程度に。また、ビタミンKも含ま
　れているので、ワーファリン（血液をサラサラにする薬）を
　飲んでいる方は控える

カモミール

Chamomile

育てやすさ ★★☆☆☆

52

爽やかな香りのティーや
薬用としても人気の高いハーブ

カモミールにはジャーマンカモミールとローマンカモミールがあります。小さくて美しい花は、青リンゴの香りがし、古くからお茶や薬として使われてきました。古くはエジプトのクレオパトラが、美白やリラックス効果のため、入浴剤に用いたと言われています。日本には、江戸時代に伝来しました。子どもの病気にも使われるため「マザーズハーブ」と呼ばれ、また、植物の近くに植えると元気を取り戻すとされ「植物のお医者さん」とも言われます。線虫類の繁殖を抑制し、土壌の地力を高めるため、タマネギのコンパニオンプランツとして混植するとよいでしょう。

データ

Data

学名	*Matricaria recutita*
科名	キク科　1年草
和名	カミツレ
別名	ジャーマンカモミール
原産地	インド、西アジア
草丈	60cm
使用部位	花
用途	お茶、料理、ローション、シャンプー、リンス、傷、日焼け
作用	消炎、鎮痙、創傷治癒、抗菌、鎮静、発汗、抗アレルギー、血行促進
効能	精神安定、不眠、頭痛、消化器障害、月経前症候群、粘膜保護、花粉症

＊キク科アレルギーのある人は避ける。妊娠中のティーの飲用は控えめに

品種

Varieties

ローマンカモミール
匍匐性のカモミールで葉にも香りがある。

ダイヤーズカモミール
花が黄色で染料に使える。

ワイルドカモミール
抗アレルギー作用が強い。

Care

日当たり	日なた
水やり	表土が乾いたらたっぷりと（蒸れに弱いので水のやり過ぎに注意）
土	水はけのよい土壌
耐寒性	強い
耐暑性	やや弱い
肥料	元肥だけでよい。肥料の与え過ぎに注意
病害虫	アブラムシ、ハダニ

Work calendar

	1 Jan.	2 Feb.	3 Mar.	4 Apr.	5 May	6 Jun.	7 Jul.	8 Aug.	9 Sep.	10 Oct.	11 Nov.	12 Dec.
種まき												
植えつけ												
開花												
切り戻し												
挿し木												
収穫												

カモミールを使ったレシピ

Chamomile's recipes

⚗ 薬草酒

材料

ショウガ、シナモン、アニス、
ジャーマンカモミール、リコリス、
オレンジピール、レモングラス
　… 各小さじ2
40度のジン or ホワイトラム … 適量
砂糖 … 大さじ2

びんにハーブと砂糖を入れて、口いっぱいにアルコールをそそぎ、日の当たらないところに1週間おく

＊保存期間は約1年

🛁 入浴剤

材料

カモミール（ドライ）… 20g
ガーゼの袋（13cm四方）… 1枚
ひも … 40cm
飾り用 … 生のジャーマンカモミール

袋にカモミールを入れて、ひもで蝶結びにしばる

⚗ スコーン

材料 （6個）

A | 強力粉 … 50g
　| 薄力粉 … 100g
　| ベーキングパウダー … 5g
　| ジャーマンカモミール（ドライ）… 13g
無塩バター … 60g
豆乳 … 60cc
卵 … 1個

① Aをフードプロセッサーに入れてよく攪拌する
② バターをサイコロ状に切って①に加え、パン粉状になるまで攪拌する
③ ボウルに豆乳と卵を入れてさっと混ぜ、②に混ぜ込む。全体にほぼ均一になったら、ラップに取り出してまとめながら包んで冷蔵庫で30分休ませる
④ ③を麺棒で3cmの厚さに伸ばして型で抜く
⑤ 卵黄1個分と豆乳小さじ1（分量外）を刷毛で④に塗り、180℃に温めたオーブンで15分焼いてでき上がり

● シロップ

材料

ジャーマンカモミール（ドライ）… 大さじ2
水 … 2カップ
きび砂糖 … 大さじ4

① 鍋に水とカモミールを入れて中火で10分煮出す
② ①をこして鍋に戻し、きび砂糖を入れて弱火で10分煮る

🧴 ハンドクリーム

材料

A | ジャーマンカモミールオイル … 10g
　| ミツロウ … 2g
　| シアバター … 2g
　| パーム乳化ワックス … 2g
　| （これらの材料はアロマ専門店などで購入可能）
B | フローラルウォーター … 30cc
精油
・ティートリー、ラベンダー … 各2滴
・ジャーマンカモミール … 4滴

① Aの材料をビーカーに入れ湯煎で溶かす
② ①にBを少しずつ入れて攪拌し、そのあと精油を入れて混ぜ、びんに移してラベルに日付を書いて貼る

＊1〜2カ月以内に使いきる
＊切り傷、すり傷、虫刺されなどにつけるだけで、よい香りに癒される

⚗ 爽やかティー

材料 （ハーブティー カップ1杯分）

ポットにカモミールを入れて熱湯をそそぎ、3分蒸らす

＊カモミールがドライなら軽く大さじ1杯、生の場合は大さじ2杯を入れる

53

Nasturtium

ナスタチウム

育てやすさ ★★☆☆☆

赤や黄の鮮やかな花色と
丸くてかわいい葉、わさび風味で人気のハーブ

16世紀にスペインの探検家により種子がペルーからヨーロッパに持ち込まれ、食用や薬用に使われるようになりました。日本には19世紀半ばに渡来し、花がノウゼンカズラに、葉が蓮に似ていることから「金蓮花」と名づけられました。葉はピリッとした辛さがあり、ビタミンCや鉄分が豊富で、フランスではクレソンの代わりに用いられます。花も同様に辛く、エディブルフラワーとして利用できます。チーズやバターに練り込んでもよいでしょう。種はわさび風味で、すり下ろしたりケッパーのように甘酢につけて肉料理やサラダにも使えます。

データ

Data

学名	*Tropaeolum majus*
科名	ノウゼンハレン科　1年草または2年草
和名	キンレンカ、ノウゼンハレン
原産地	ペルー、コロンビア
草丈	20〜30cm　ツル性のものは3m
使用部位	葉、花、果実
用途	食用、お茶、チンキを作って薬用に使用
作用	抗菌、育毛促進、抗生物質
効能	気管支炎、肺炎、腎炎、膀胱炎の改善、コラーゲンの生成を助ける、腸内の善玉菌を増やして胃腸の機能を高める

Note

注意　ナスタチウムを食するとき

園芸店で販売されている観賞用のナスタチウムは食べるのに適していません。かなりの農薬散布が行われていますので、食用として使う場合は、ハーブとして販売されているものか、もしくは無農薬の種を求めるのが安全でしょう。

		1 Jan.	2 Feb.	3 Mar.	4 Apr.	5 May	6 Jun.	7 Jul.	8 Aug.	9 Sep.	10 Oct.	11 Nov.	12 Dec.

Care

日当たり	日なた〜半日陰（真夏は日陰に）
水やり	土の表面が乾いたらたっぷりと。加湿に注意
土	水はけがよく乾燥気味のやや痩せた土地
耐寒性	弱い
耐暑性	弱い
肥料	植えつけ時に有機肥料
病害虫	アブラムシ、ハダニ

Work calendar

種まき
植えつけ
開花
切り戻し
挿し木
収穫

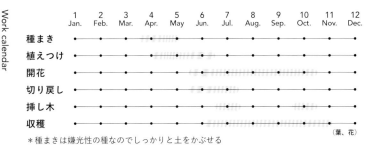

（葉、花）

＊種まきは嫌光性の種なのでしっかりと土をかぶせる

ナスタチウムを使ったレシピ ────────────────

Nasturtium's recipes

❀ 花のサラダ

材料 （2人分）
ナスタチウムの葉と花 … 数枚
わさび菜 … 3枚
レタスミックス … 4〜5枚
ドレッシング … フレンチドレッシングに
　　ナスタチウムの葉を4〜5枚刻んで入れる

野菜を器に盛り、ナスタチウムの花を飾って
ドレッシングをかける

❀ クリームチーズの
　　ナスタチウムディップ

材料
クリームチーズ … 50g
ナスタチウムの葉と花 … 数枚
レモンの搾り汁 … 1/8個分
ハチミツ … 小さじ1
バゲット … 数枚

① ナスタチウムを細かく刻む
② ボウルにクリームチーズと①、レモンの
　　搾り汁、ハチミツを入れてよく撹拌する
③ ②を薄く切ったバゲットにのせ、レモン、
　　ハーブ等を飾る

❀ トマトカップのポテトマリネ

材料 （2人分）
トマト … 中2個
ジャガイモ … 1個
小エビ … 5尾
レモンの搾り汁 … 1/4個分
サワークリーム … 大さじ3
塩、コショウ … 各適量
ナスタチウムの花と葉 … 数枚

① トマトを縦半分にカットして中をくりぬ
　　いておく
② ジャガイモを茹でてマッシュする
③ 小エビは茹でて3等分に切る
④ ②、③をレモンの搾り汁とサワークリー
　　ム、塩、コショウで和える
⑤ ①に④を詰めてナスタチウムを飾る

55

Note　小話　・乾燥した葉、花、果実をチン
　　　　　　　キにして育毛促進にも使えま
　　　　　　　す。
　　　　　　・菜種科の植物のコンパニオン
　　　　　　　プランツとして家庭菜園に最
　　　　　　　適です。

ボリジ

56

小さな星形の青い花はいろいろな料理のトッピングに

古代ギリシャ時代から薬用として使われてきました。星形の青い花は楕円形の葉と共に料理や薬用に使われます。葉も茎も潰すとキュウリのような香りがし、ワインやビール飲料の香りづけに使われることもあります。種は大きく発芽しやすいので、種から簡単に育てられます。苗から育てるとすぐに花を楽しめます。花は青だけでなく白もあり、アイスキューブやお菓子のトッピング等、さまざまな飾りに使われます。乾燥した葉、花は浸剤（茶葉に熱湯をそそぎ3〜5分抽出したもの）、煎剤（茶葉を水からゆっくり10〜20分くらい煮出したもの）にして鎮静剤として飲めます。生の葉は潰して打ち身、捻挫の湿布薬として、種子はオリーブオイルに漬けてトリートメントオイルとして使えます。

データ ——

Data

学名	*Borago officinalis*
科名	ムラサキ科　1年草
和名	ルリジサ、ルリヂシャ
別名	スターフラワー
原産地	地中海沿岸
草丈	60〜80cm

使用部位	葉、花、種子
用途	お茶、若葉や花はサラダ等食用、入浴剤、トリートメント
作用	強壮、血液浄化、解熱、鎮痛、利尿
効能	気管支からくる咳、高血圧、関節炎、生理の不調緩和

＊作用が強いので飲み過ぎない（ピロリジンアルカロイド少量含有）
　妊娠中、授乳中、子どもは使用を避ける

Note　小話　青色の花から搾った絵具はマドンナブルーと言われて愛され、絵画に使われました。

やわらかい毛に包まれた蕾

Care

		1 Jan.	2 Feb.	3 Mar.	4 Apr.	5 May	6 Jun.	7 Jul.	8 Aug.	9 Sep.	10 Oct.	11 Nov.	12 Dec.
日当たり	日なた												
水やり	土の表面が乾いたらたっぷりと。茎が空洞なので加湿に注意												
土	肥沃な土地でなくてもよい												
耐寒性	やや強い												
耐暑性	弱い												
肥料	植えつけ時に元肥												
病害虫	ハダニ												

Work calendar

種まき
植えつけ
開花
切り戻し
挿し木　（枯れ枝を整理）
収穫

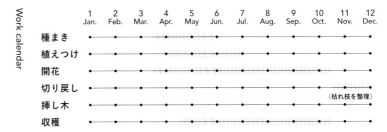

ボリジを使ったレシピ ——————————————————————————

Borage's recipes

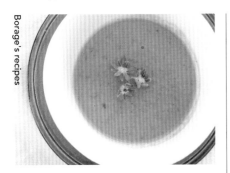

🌼 ボリジの葉とグリンピースの　クリームスープ

材料 （4人分）
グリンピース（冷凍） … 1袋
ボリジの葉 … 小3枚
タマネギ … 1/2個（スライス）
ジャガイモ … 1個（スライス）
オリーブオイル … 大さじ1
塩 … 小さじ2
黒コショウ … 適量
ローリエ … 1枚
牛乳（豆乳） … 1カップ
野菜コンソメ … 大さじ1
ボリジの花 … 適宜

① 鍋にオイルを入れ、タマネギ、ジャガイモを炒める
② ①にグリンピース、ボリジの葉を入れて材料が浸るくらいの水とコンソメ、ローリエを入れて、10分コトコト煮る
③ ②をブレンダーで撹拌する
④ ③を元の鍋に戻して牛乳（豆乳）を入れて温め、塩、コショウで味を調える
⑤ 器に入れて、ボリジの花を飾る

🌼 ボリジのシュガーコート

材料
ボリジの花 … 適宜
卵白 … 1個分
グラニュー糖 … 適量

① 花の茎を取り除き、筆で汚れを取る
② バットにグラニュー糖を入れる
③ ボリジの花の両面に筆で卵白を薄く塗る
④ ②に③を入れ、グラニュー糖をまぶす
⑤ キッチンペーパーに移し、涼しい場所で1日乾かす
⑥ 乾いたら、保存びんに入れ保存する（パリパリになっていればよい）

＊まんべんなく砂糖がついていれば1年保存できる

🌼 ボリジのアイスキューブ

きれいに作るコツと作り方
① 水は沸騰させて冷ましておく
② 静かにゆっくり製氷器にそそぐ
③ 花を下向きに入れる
④ 軽く押し込むように上から押さえて入れる

＊シリコンの製氷器はできた氷を出しやすい

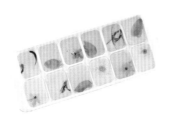

57

🌼 ボリジのクッキー

材料 （3cmの円型で10個分）
卵黄 … 1個分
ボリジの花 … 10枚
薄力粉 … 180g（スペルト小麦）
ミントの葉 … 10枚
太白ゴマ油 … 100cc（バターなら120g）
きび砂糖 … 50g
ボリジのシュガーコート（左記） … 10個
クロテッドクリーム … 適量

① ボウルに太白ゴマ油、卵黄、砂糖の順に入れ、よく撹拌する
② ①に薄力粉を振るって入れ、ざっくり混ぜてひとかたまりにする
③ ②を麺棒等で5mmの厚さに伸ばして円の型で抜き、ボリジの花とミントの葉をのせる
④ 170℃に温めたオーブンで15分焼く
⑤ 皿に盛り、ボリジのシュガーコートをのせたクロテッドクリームを添える

トウガラシ

育てやすさ ★★★☆☆

Note

青唐辛子と赤唐辛子について

・青唐辛子
生は辛く、加熱すると辛味が和らぎます。エスニック料理に多く使われます。

・赤唐辛子
青唐辛子とは逆で加熱すると辛味が増し、切るとさらに辛味が増します。日本では七味唐辛子として多く使われます。南米の料理やイタリア料理、韓国料理等多くの料理のアクセントとして使われます。

青唐辛子、赤唐辛子、葉唐辛子も！
さまざまな料理に大活躍のハーブ

唐辛子（トウガラシ）は熱帯アメリカが原産で、1万年前から栽培されていました。鷹の爪のように辛味の強い辛味種と、パプリカのように辛味のない甘味種とがあります。主に辛味づけに使われる品種はとても多く、数千にものぼると言われています。ビタミンC、β-カロテン、ルティン等が含まれ、栄養価も高く各国の料理に使われています。辛味成分のカプサイシンは熱に強いので煮込み料理や焼き物、炒め物等に使えます。唐辛子を用いた調味料は世界中にあり、韓国のコチュジャン、中国の豆板醤、ラー油、アメリカのタバスコ、インドネシアのサンバル等で、日本では七味唐辛子、一味唐辛子があります。秋に収穫して乾燥させ、自分流の七味唐辛子を作ったり、葉唐辛子で佃煮、青唐辛子でユズコショウを作ったりするのもよいでしょう。

データ

Data

学名	*Capsicum annuum*	
科名	ナス科　1年草	
和名	唐辛子、蕃椒（ばんしょう）	
別名	チリペッパー、カイエンペッパー	
原産地	中米、南米	
草丈	40〜50cm	

使用部位	葉、果実
用途	調味料、チンキ、湿布、軟膏、うがい薬
作用	血行促進、胃液分泌促進、脂肪分解促進、発汗、消化促進、殺菌、身体を温める
効能	疲労回復、風邪予防

＊多量に食さないように。妊娠中は使用しない

Care

日当たり	日なた
水やり	土の表面が乾いたらたっぷりと
土	肥沃
耐寒性	弱い
耐暑性	強い
肥料	植えつけ時に元肥、3週間に1回ぐらい追肥に有機肥料を施す
病害虫	アブラムシ、チャノホコリダニ、タバコガ（モザイク病）

Work calendar

	1 Jan.	2 Feb.	3 Mar.	4 Apr.	5 May	6 Jun.	7 Jul.	8 Aug.	9 Sep.	10 Oct.	11 Nov.	12 Dec.
種まき			•	•	•	•						
植えつけ				•	•	•	•					
開花						•	•	•	•	•		
切り戻し						•	•	•	•			
挿し木					•	•	•	•				
収穫							•	•	•	•	•	

（随時収穫）

＊種は嫌光性のため、光が当たらないように11cmぐらい深くまく。蕾がついたら、摘芯（植物の先端部分の芽を手やハサミで取る）、芽かきを行なう。地植えの場合、連作を嫌うので同じ場所に植えないように。また、ナス科の植物のあとに植えないようにする

トウガラシを使ったレシピ ───────────────────────

Chill pepper's recipes

陳皮
唐辛子
けしの実
ゴマ
青のり
山椒
麻の実

⑨ 七味唐辛子

材料（4人分）
七味の配合の基本
〈二辛五香〉
二辛 … 辛さに特徴があるものを2種類
　　　唐辛子、山椒
五香 … 香りを重視したものを5種類
　　　陳皮、青のり、ゴマ、麻の実、
　　　けしの実等
＊地方によってショウガの粉、シソの実等もある

① 赤唐辛子をパウダーにする。材料が揃ったら、自分の好みで配合していく
② 全て小さじ1でも。辛味を効かせたいときには唐辛子を小さじ2で香りの高い陳皮も少し増やしてみるのもよい。自分流にいろいろとパターンを作ってみよう

＊保存期間は冷蔵庫で1〜2カ月

⑨ グリーンカレー

材料（4人分）
鶏もも肉 … 300g（ひと口大）
タマネギ … 1/2個（くし形切り）
ナス … 2個（乱切り）
シメジ … 1房（小房にほぐす）
パプリカ（赤、黄） … 各1/2個（ひと口大）
グリーンカレーペースト（右記） … 半量
ココナツミルク … 100〜200cc（適宜）
水 … 500cc
ナンプラー … 大さじ1
砂糖 … 小さじ1
塩、コショウ … 各適量
酒 … 適量
オリーブオイル … 大さじ2
ローリエ … 1枚

① 鶏肉に塩、酒を振っておく
② 鍋にオイルを入れて野菜を炒め、グリーンカレーペーストを加えて炒める
③ ②にココナツミルクと水、ローリエを入れ、煮立ったら①を入れる。ナンプラー、砂糖を加えて弱火で煮る
④ 塩、コショウで味を調える（ココナツミルクがもっと必要ならここで足す）

● グリーンカレーペースト

材料（4人分）
青唐辛子 … 6〜8本（ざく切り）
ニンニク … 1片（すり下ろす）
ショウガ … 2cmぐらい（すり下ろす）
レモングラス（ドライ） … 大さじ1
コリアンダーパウダー … 大さじ1
コリアンダーリーフ（ドライ） … 大さじ1
クミンパウダー … 大さじ1
白コショウ … 適量
ナンプラー … 大さじ2
砂糖 … 小さじ1
ライム搾り汁 … 1個分

全てをブレンダーに入れて攪拌する

Note　保存や消毒にも活用

米びつ、穀類の保存に活躍します。また、唐辛子を40度のアルコールに漬け込んだチンキを作り、薄めて消毒薬として使います。

59

シソ

Perilla

60

古くから薬味に使われてきた
爽やかな香りのする和ハーブ

食用、健康茶として日本人に親しまれているハーブです。中国原産で古くから食用、薬用として使われていました。赤ジソと青ジソがあり、それぞれに薬効があります。主な芳香成分のペリルアルデヒドには、防腐、抗菌、健胃、腸内環境をよくする働きがあります。また、食欲増進、食中毒防止があると言われています。栄養価も高く食用にも使いますが、風邪には煎じて、口内炎や喉の痛みにはうがい液を、冷え性・リュウマチの痛み・神経痛には葉を袋に詰めた入浴剤を用いると効果があります。赤ジソのジュースを作っておくと、1年中爽やかな風味を楽しむことができます。ビネガーなどに漬け込んだり、乾燥させたりして保存もできます。

データ

Data

学名	*Perilla frutescens var. crispa*
科名	シソ科　1年草
和名	大葉
原産地	ヒマラヤ、ミャンマー、中国南部
草丈	30〜70cm
使用部位	葉、種子
用途	葉は梅漬け、シソジュース、乾燥させてスパイスやふりかけに
作用	発汗、解熱、鎮痛、鎮静、解毒、抗菌、健胃、防腐
効能	疲労回復、貧血予防、風邪の初期の発熱、咳、消化不良

Care

		1 Jan.	2 Feb.	3 Mar.	4 Apr.	5 May	6 Jun.	7 Jul.	8 Aug.	9 Sep.	10 Oct.	11 Nov.	12 Dec.

日当たり	日なた（真夏は半日陰）
水やり	土の表面が乾いたらたっぷりと
土	野菜、ハーブの培養土
耐寒性	弱い
耐暑性	強い
肥料	植えつけ時に元肥
病害虫	ハダニ

Work calendar

	1 Jan.	2 Feb.	3 Mar.	4 Apr.	5 May	6 Jun.	7 Jul.	8 Aug.	9 Sep.	10 Oct.	11 Nov.	12 Dec.
種まき				●	●	●						
植えつけ				●	●	●						
開花								●	●			
切り戻し							●	●				
挿し木					●	●	●	●				
収穫						●	●	●	●			

＊種子は好日性なので種をまいたら薄く土をかぶせる。種はかたいので1昼夜水に浸けてからまくとよい。乾燥に弱いので十分に水やりを。初秋の花穂の収穫も忘れずに

シソを使ったレシピ ────────────────────────────────

Perilla's recipes

シソペースト

材料

シソの葉 … 10～15枚
クルミ（カシューナッツ）… 手のひら分
ニンニク … 1片
オリーブオイル … 80cc
粉チーズ … 大さじ2
白ワインビネガー … 小さじ1
ミントシロップ（作り方→p69）… 小さじ1
レモンの搾り汁 … 小さじ1

全てをフードプロセッサーで撹拌する

＊パスタや茹でたホクホクジャガイモ、イカとタケノコに和えたり利用方法はいろいろ

豆腐ソテー シソペーストのせ

材料（2人分）
豆腐 … 1丁
小麦粉 … 少々
シソの葉 … 4枚（千切り）
シソペースト（上記）… 適量

① 豆腐を半分に切り重しをして水分を切り、小麦粉をまぶす
② フライパンにオイル（分量外）を入れ、①をじっくりと両面焼く
③ 皿に焼き上がった①をのせ、シソペーストをこんもりとのせ、ハーブ等を飾る

赤ジソジュース

材料
赤ジソ … 200g
水 … シソが浸る量
きび砂糖 … 100g
酢 … 100cc

① 鍋に水を入れ沸騰させる
② ①にきれいに洗ったシソの葉を入れ、色が変わるまで茹でる
③ ②をこしてよく搾り、液を鍋に戻す
④ ③に砂糖を入れてゆっくり煮詰めていく
⑤ 20分ぐらい煮詰めたら酢を入れ、火を止める
⑥ ⑤を煮沸消毒したびんに入れて保存
＊保存期間冷暗所で6カ月

赤ジソのコロコロゼリー

材料（4人分）
赤ジソジュース（上記）… 250cc
赤ワイン … 大さじ2
ゼラチン … 5g
ハチミツ … 大さじ2
赤ジソジュース … 50cc

① 赤ワインにゼラチンを入れてふやかし、湯煎して溶かす
② シソジュースにハチミツを入れ、よく溶かしてから①を入れる
③ ②を型に入れ冷蔵庫で冷やし、固まったら型から外し、1cm角にカットする
④ ③を器に盛り、ミント等ハーブを飾る
⑤ 赤ジソジュース50ccを半量になるまで煮詰めて、ゼリーにかける

シソ入りふりかけ

材料（2人分）
シソ（ドライ）… 10g
しらす … 10g
ネトル（ドライ）… 10g
ミント（ドライ）… 10g
ゴマ … 10g
かつお節 … 10g
ゴマ油（炒め用）… 適量
しょう油 … 大さじ1
みりん … 大さじ1
砂糖 … 大さじ1

① 鍋にゴマ油を入れて、しらすを炒める
② 火が通ったら調味料を入れる
③ ②に他の材料を全て入れて、水分がなくなるまで炒り煮する
＊保存期間は冷蔵庫で1～2カ月

シソの実のしょう油漬け

材料
シソの実 … 100g
昆布 … 5cm（みじん切り）
青唐辛子 … 1本（みじん切り）
赤唐辛子 … 1本
塩 … 小さじ1
しょう油 … 大さじ3～4

① シソの実をよく洗い、茎から実をそぎ落とす
② ①を洗って、水気をよく切る
③ ②を塩で揉んで、軽く湯がく
④ ③と他の材料を全てボウルに入れて、よく混ぜる。保存容器に入れる
＊保存期間は冷蔵庫で1～2カ月

パセリ

添えるだけではもったいない
栄養価の高いハーブを料理に

地中海付近が原産の植物で、世界で最も使用されています。野菜の中でも、カリウム、ビタミンC、β-カロテンが多く含まれ、栄養価の高いハーブです。カールの強いカーリーパセリと、平たい葉のイタリアンパセリ、根まで食べられるハンバーグパースリーがあります。日本には、江戸時代にオランダの船が長崎に持ち込んだことから、オランダゼリと呼ばれました。野菜、肉、卵、魚料理等に使われます。ハーブバター、ハーブチーズ、ブーケガルニ等食材を生かした使い方ができます。バラのコンパニオンプランツとして植えると、バラの香りがよくなります。

イタリアンパセリ

データ

Data		
	学名	*Petroselinum crispum*
	科名	セリ科　2年草
	和名	オランダゼリ、オランダミツバ
	別名	フラットリーフパセリ、ペルシ（フランス）、モスカール（カーリーパセリ）、チャイニーズセロリ
	原産地	地中海沿岸
	草丈	5～30cm
	使用部位	地上部位
	用途	料理、葉のチンキは強壮剤、健康
	作用	駆風、利尿、殺菌、解毒
	効能	リュウマチ、貧血、月経困難症、無月経症、食欲促進、腎機能改善

＊妊娠中、授乳中は多量にとらない。腎疾患、心疾患のある場合は医師の指示に従う

Origin	由来	原産地の地中海沿岸の岩場に多く自生し、「岩場のセロリ」からパセリという名前がついたそうです。餃子等にニラの代わりに細かく刻んで入れてもおいしいです。

日当たり	日なた〜半日陰
水やり	乾燥に弱いので表土が乾いたらたっぷりと
土	肥沃で保水性のある土
耐寒性	弱い
耐暑性	やや強い
肥料	植えつけ時に元肥　ときどき追肥
病害虫	キアゲハの幼虫

	1 Jan.	2 Feb.	3 Mar.	4 Apr.	5 May	6 Jun.	7 Jul.	8 Aug.	9 Sep.	10 Oct.	11 Nov.	12 Dec.
種まき												
植えつけ												
開花												
切り戻し												
挿し木												
収穫												

＊種子は好光性なのでまいたあとは土を軽くかぶせる。苗は移植を嫌うので、プランター等にまいて間引いていくのがベスト。苗で購入したら植穴に土をあまり崩さないように植えつける。バークたい肥等マルチングするのもよい。摘芯を忘れずに花芽がついたら摘み取る

パセリを使ったレシピ ──────────────

🌿 パセリご飯

材料（2人分）
米 … 1合
蕎麦の実 … 大さじ1
ハーブバター（パセリ、オレガノ）
　（p85参照）… 大さじ1
ドライトマト … 小さじ1
塩 … 小さじ2
コショウ … 適量
酒 … 小さじ1
パセリ … 大さじ2（みじん切り）

① 米は炊く直前に洗う
② 通常の炊飯で少し水を少なめにし、蕎麦の実、ハーブバター、ドライトマト、塩、コショウ、酒を入れて炊く
③ 炊き上がったらパセリを入れて混ぜる
④ 器に盛り、ハーブを飾る

🌿 七草粥

材料（2人分）
米 … 1/2カップ
水 … 600cc
塩 … 2つまみ
七草（セリ、ナズナ、スズシロ、イタリアンパセリ、ミント、春菊、セージ）
　… 各適量

① 米を研いで30分くらい水につけておく
② さっと湯通しした七草を1cmぐらいに切る
③ 鍋に水切りした①と水を入れて中火で沸騰させ、底からよく混ぜる
④ 沸騰したらふたをして、弱火で20〜30分炊く。最後に塩を入れる
⑤ ②を入れてでき上がり

🌿 パセリのグリーンソースの　マッシュルームグリル

材料（2人分）
ビッグマッシュルーム
　… 4個（シイタケでもよい）
パセリ … 2束
アンチョビ … 3枚
ニンニク … 1片
オリーブオイル … 大さじ3
　（バター大さじ3でもよい）
塩、コショウ … 各適量
レモンの搾り汁 … 小さじ1

① マッシュルームを除いて、全てをフードプロセッサーに入れてソースを作る
② ①をマッシュルームに詰めて180℃に温めたオーブンで10分焼く

🌿 ドライパセリ

① フレッシュなカーリーパセリ、イタリアンパセリを用意する
② 軽く洗い、キッチンペーパーでよく水気を拭き取る
③ キッチンペーパーの上に茎を取った葉を並べる
④ 500Wの電子レンジで5分乾かす
⑤ 手で揉みパラパラにほぐし冷めたらびんに保存

＊日の当たらない風通しのよいところに吊るし乾燥させてもよい
＊保存期間は冷暗所で半年。なるべく早く使いきる

63

Calendula

カレンデュラ

育てやすさ ★★☆☆☆

64

鮮やかな色の花は
料理やトッピングに大活躍

古代からアラビア、ギリシャ、ローマで薬用として、また、布地、食品、化粧品の着色料として使われてきました。古代ギリシャの人びとは「家に幸せを運ぶ花」として婚礼の席に飾りました。また、インド人はカレンデュラを崇めて寺院、祭壇、神殿等に飾り、フランスのアンリ4世は自分の紋章に取り入れました。このように古代からカレンデュラは特別な花として大切にされてきました。カレンデュラの花は一重咲きと八重咲きがあります。食や薬用に向かない、観賞用のフレンチマリーゴールドもあります。茎は直立性でよく枝分かれし、摘芯していくことで、何回も収穫を楽しめます。花が咲いている時期の収穫は効用も強く、生のまま食用、薬用に利用できます。花びらは乾燥させても鮮やかな色を残し、トッピングや料理に利用して華やかな演出をするのも楽しみのひとつです。

カレンデュラの
花を飾ったユズの
シロップケーキ
（作り方→p41）

データ

Data	学名	*Calendula officinalis*
	科名	キク科　1〜2年草
	和名	キンセンカ
	別名	ポットマリーゴールド、マリーゴールド
	原産地	ヨーロッパ南部
	草丈	20〜50cm
	使用部位	花
	用途	薬用、食用、フェイシャル
	作用	発汗、消化促進、収斂、利尿、消炎、創傷治療促進、抗菌、抗菌、抗ウイルス
	効能	切り傷、湿疹、風邪、皮膚・粘膜の保護修復

＊妊娠中のティーの飲用は避ける。菊がアレルギーの場合は使用しないこと

日当たり	日なた	
水やり	表土が乾いたらたっぷりと	
土	肥沃な土	
耐寒性	強い	
耐暑性	弱い	
肥料	植えつけ時に元肥　花を収穫後追肥	
病害虫	アブラムシ、エカキムシ、カメムシ、ナメクジ、ハダニ（うどんこ病）	

	1 Jan.	2 Feb.	3 Mar.	4 Apr.	5 May	6 Jun.	7 Jul.	8 Aug.	9 Sep.	10 Oct.	11 Nov.	12 Dec.
種まき												
植えつけ												
開花												
切り戻し												
挿し木												
収穫												

＊カラフルな花弁は日陰で乾燥させることで、色あせが少なくきれいに仕上がる。チンキに使ったりオイルに漬けたりして肌のケアに使用できる

カレンデュラを使ったレシピ

🌱 カレンデュラライス

材料（4人分）
米… 2合
カレンデュラ（ドライ）… ひと握り
パセリ（ドライ）… 大さじ1
塩… 小さじ1
ローリエ… 1枚
オリーブオイル… 大さじ1

① 全てを炊飯器に入れて炊く
② 炊き上がったら器に盛り、カレンデュラの花びら等を飾る

● 乾燥花びらの作り方

① 摘み取ってきたカレンデュラの花をそのままカゴに入れて乾かす
② 花が乾燥したら花びらを抜き取り、さらに完全に乾かす
③ びんに入れて保存する

＊保存期間は冷暗所で1年

🧴 カレンデュラオイルのリップスティック

材料
カレンデュラオイル… 4cc
ミツロウ… 0.5g
キャンデリラワックス… 0.5g

① 30ccのビーカーに材料を全て入れる
② 湯煎にかけてゆっくりと溶かす
③ よく溶けたら火から下ろし、30秒ほど手早く混ぜる
④ リップケースに移してラベルに日付と材料を記入する

● カレンデュラオイルの作り方

① 100ccのびんに、乾燥させたカレンデュラの花びらを口まで入れる
② オリーブオイルをびんの口までそそぐ
③ ふたを閉め、日の当たらない窓辺で2週間熟成させる
④ こしてびんに移す

＊保存期間は2〜3週間

🧼 ハートの石けん

材料
ビーカー… 3個
シリコンチョコレート型… 20個
MPソープ（電子レンジで溶かす
　石けん素地）… 200g
カレンデュラオイル（左記）… 小さじ1/2
レッドクレイ（ピンク色）… 小さじ1/2
　（ピンクを出すため自然素材の
　　ミネラルが多く含まれる粘土）
ハーブ
　レッドローズ（鉄色）… 小さじ1
　ハイビスカス（鉄色）… 小さじ1
　エルダーフラワー（黄色）… 小さじ1
　カレンデュラ（黄色）… 小さじ2

65

① ハーブ類をお湯で色出ししておく
② MPソープを電子レンジで溶かす
③ ②にカレンデュラオイルを入れる
④ 3個のビーカーに③を分けて入れる
⑤ 色出ししたレッドローズとハイビスカス（2つの色でチョコレートに近い色になる）、エルダーフラワーとカレンデュラ（ほのかな黄色）、レッドクレイをそれぞれのビーカーに入れ、型に移して固める

多年草のハーブ

基本的には冬でも葉が枯れずに残り、毎年花を咲かせてくれます。

多年草でも冬に地上部が枯れるものがあり、これは「宿根草」として区別されます。

宿根草は、地上部が枯れても根はしっかり生きていて、春には芽を出して花を咲かせます。

多年草は冬を迎えるときは軽く枝を整理して負担を軽くします。

宿根草は冬には地際まで切り戻します。どちらも毎年楽しめて、管理も楽です。

「この本で取り上げている多年草のハーブ」

・ミント　68

・オレガノ　72

・セージ　74

・レモンバーム　76

・フェンネル　78

ミント

Mint

68

初心者におすすめ
スーッとした香りで気分も爽快に

ハッカ属の総称です。ミントは交配種や雑種が多く、その数600種類以上とも言われます。日本原産の日本ハッカは、洋種ハッカに比べてメントールの含有量が高く、1930年代にはハッカ産業が栄えました。ヨーロッパではスペアミント、日本ではペパーミントが好まれます。フレッシュハーブは、ソース、ディップ、ビネガー、ソフトドリンクに、またサラダやお菓子の飾りに使われます。生のハーブを束ねたミントは部屋の空気を清浄にしてくれます。ドライのペパーミント、スペアミント等は、ハーブティーにして飲用すると、リフレッシュ効果や鎮静効果があります。乾燥させたミントはサシェにしたり、パウダーとして料理、お菓子に利用できます。

データ — Data

学名	*Mentha species*
科名	シソ科　多年草
和名	ハッカ
原産地	アフリカ、ヨーロッパ
草丈	50〜80cm
使用部位	葉、花
用途	お茶、料理、美容、健康、食品のフレーバー、ポプリ、サシェ
作用	消化促進、抗菌、抗炎症、抗ウイルス、賦活、駆風、鎮痛
効能	心身のリフレッシュ、吐き気、頭痛を緩和、花粉症等のアレルギー症状の緩和

品種 — Varieties

ペパーミント	コルシカミント
スペアミント	ニホンハッカ
アップルミント	ホールズミント
パイナップルミント	バジルミント
ペニーロイヤル	ブラックペパーミント等

スペアミント

ブラックペパーミント

パイナップルミント

Care

日当たり	日なた
水やり	表土が乾いたらたっぷりと
土	肥沃
耐寒性	弱い
耐暑性	強い
肥料	植えつけ時に元肥、成長に応じて追肥
病害虫	アブラムシ、ハダニ

Work calendar

	1 Jan.	2 Feb.	3 Mar.	4 Apr.	5 May	6 Jun.	7 Jul.	8 Aug.	9 Sep.	10 Oct.	11 Nov.	12 Dec.
種まき												
植えつけ												
開花												
切り戻し												
挿し木												
収穫												

よく使われるミント ────────

ペパーミント
原産地　ヨーロッパ
ウォーターミントとスペアミントの交雑種。食べ過ぎ、胃痛、胸焼け等の症状に効果がある。
＊乳児には使用しない

スペアミント
原産地　ユーラシア大陸
香りが穏やかでミントティーを初めて飲む方におすすめ。リフレッシュ効果が抜群。小さな子どもも大丈夫。

左：ペパーミント　右：スペアミント

アップルミント
原産地　地中海沿岸〜ヨーロッパ
葉や花からリンゴのような香りがする。和名は「丸葉薄荷」、別名「ウーリーミント」。生葉をハーブティーやスイーツに利用。

アップルミント

ミントを使ったレシピ ────────

Mint's recipes

🌱 ミントシロップのティー

材料 （4人分）
ミント（生）… 1カップ
　（ドライミントの場合は
　　大さじ2）
砂糖 … 大さじ2
ハチミツ … 大さじ1
水 … 200cc

① ミントと水を鍋に入れ、5分くらい煮出してこす
② ①に砂糖とハチミツを入れ、7割くらいになるまで煮詰めてシロップにする
③ お湯や炭酸で薄め、好みですり下ろしたショウガを入れる

下ろしたショウガをシロップに少し入れると爽やかさが増し、喉が痛いときに効果があります。

● 冷たいミントティー

① 左から　アップルミント、スペアミント、ペパーミント
② 生のハーブの葉をちぎってポットに入れ、熱湯を入れて3分蒸らす
③ 冷蔵庫で冷やしてカップにそそぎ、ミントの葉を浮かべる

1

3

🗂 デオドラントパウダー

材料
ペパーミント（ドライ）… 小さじ2
ラベンダー（ドライ）… 小さじ1
コーンスターチ … 大さじ1
クレイ … 大さじ1

① ミルサーに材料全てを入れて撹拌する
② ボウルにあけて、茶こしでさらに振るって細かくする
③ 容器に入れてラベルを貼り、保存する
＊1〜2カ月で使いきる

69

🌿 ミントドレッシングの　夏野菜入りサラダ

材料
オクラ … 2本（小口切り）
キュウリ … 1本（小口切り）
ミニトマト … 8個（各半分）
パプリカ黄色 … 1/4個（1cm角）
ナスタチウムの葉 … 適量
レタス … 3枚（ひと口大）
ミントドレッシング
│ リンゴ酢 … 20cc
│ オリーブオイル … 20cc
│ メープルシロップ … 小さじ1
│ 塩、コショウ … 各適量
│ ミント（生）、レモングラス（生）
│ 　… 各適量（みじん切り）
夏スミレ … 適量

サラダボウルに全てを入れてミントドレッシングをかけ、夏スミレを飾る

70

🌿 ミント入りミニサモサ

材料 （20個分）
ジャガイモ … 大2個
グリンピース（冷凍） … 1カップ
タマネギ … 1/2個（みじん切り）
餃子の皮（大） … 1袋
ニンニク … 1片（みじん切り）
ミント（生） … 30枚ぐらい（みじん切り）
A │ ガラムマサラ … 小さじ2
│ 　（カレー粉でもよい）
│ しょう油 … 小さじ2
│ 塩 … 小さじ2
│ 酒 … 小さじ2
│ 油 … 小さじ2
│ コショウ … 適量
揚げ油 … 適量

① ジャガイモは皮をむいてから茹で、やわらかくなったらグリンピースを入れてひと煮立ちさせてお湯を切り、マッシュする
② ニンニクとタマネギを炒めて①に入れる
③ ②をよく混ぜ合わせたら、Aとミントを入れてさらによく混ぜ合わせる
④ 餃子の皮に③を小さじ山盛り1ずつのせ、テトラポット包みする
⑤ ④を180℃のオイルできつね色になるまで揚げる

＊レモン、ラー油などをかけていただく

🌿 焼きナスのハーブソースがけ

材料 （2人分）
ナス … 4本
ソース
│ 味噌 … 大さじ2
│ みりん … 大さじ1
│ 砂糖 … 大さじ1
│ 青唐辛子 … 2本
│ ミョウガ … 1個
│ ミント（生） … 5〜6枚

① ナスをグリルで焼き、皮をむいて縦2等分にしておく
② 味噌、みりん、砂糖を小鍋に入れて火にかけ、刻んだハーブを入れて混ぜ合わせソースを作る
③ ②を①にかけてミントを飾る

🌿 春キャベツのコールスローサラダ

材料
キャベツ … 1/2個
タマネギ … 1個
リンゴ … 1個
ミントドレッシング（左記） … 適量

全ての野菜を細切りしてドレッシングをかける

◉ ズッキーニと手羽中のミントスープ

材料 （2人分）
ズッキーニ … 150g （輪切り）
手羽中 … 6本
タマネギ … 1/2個 （みじん切り）
ニンニク … 1片 （みじん切り）
ショウガ … 10g （みじん切り）
ミント （生） … 適量
チキンブイヨン … 大さじ1
塩、コショウ … 各適量
お湯 … 適量
オリーブオイル … 大さじ1

① ニンニクとショウガをオイルで炒める
② ①にタマネギを入れて炒める
③ タマネギが透き通ってきたらズッキーニと手羽中を入れ、手羽中に焦げめがつくくらい炒める
④ ③にお湯とチキンブイヨンを入れ、弱火で10分ほどふたをして蒸し煮する
⑤ 手羽中がやわらかくなったら塩、コショウで味を調える
⑥ 器に入れてたっぷりのミントをのせる

◉ ハムとアボカドのミントサンド

材料 （2個分）
クロワッサン … 2個
アボカド … 1個
トマト … 1個
ハム … 4枚
レタス … 数枚
ミント （生） … 適量
ミントとパセリのディップ＊
＊生のミントとパセリはひと握りずつ、ニンニク1片、松の実10粒、アンチョビ1枚、オリーブオイル大さじ2を撹拌する

クロワッサンを半分に切ってディップを塗り、全てをサンドする

◉ グレープフルーツジュースとミントシロップの炭酸スカッシュ

材料
グレープフルーツ … 1個
ミントシロップ （作り方→p69）
炭酸水
ミント （生） … 数枚

① 器にグレープフルーツを搾る
② ①にミントシロップを混ぜて炭酸をそそぐ
③ グレープフルーツの実を浮かせて、ミントをたっぷりのせる

◉ オレンジ、ミントのミモザジュレ

材料 （3人分）
オレンジ … 3個
ミントシロップ （作り方→p69） … 50cc
砂糖 … 大さじ2
ゼラチン … 5g
白ワイン … 大さじ1
ミントの葉 … 数枚
アイスクリーム … 適宜

① ボウルにオレンジを搾る
② ミントシロップを火にかけて温め、あらかじめワインでふやかしておいたゼラチンを入れて溶かし、砂糖を入れる
③ ①に②を入れてよく撹拌し、深めのバットに入れて冷蔵庫で冷やす
④ 器にクラッシュした氷を入れ、その上に③をのせ、アイスクリームとミントを飾る

71

◉ ミントのジュレアイスクリーム添え

材料 （3・4人分）
ミントティー （作り方→p69） … 250cc
ゼラチン … 5g
水 … 大さじ1
砂糖 … 大さじ3
アイスクリーム … 適宜

① ミントティーに砂糖を入れて煮溶かす
② ふやかしておいたゼラチンを、火を止めた①に入れてよく混ぜてから冷蔵庫で固める
③ 器にクラッシュした②を入れて、アイスクリームをのせ、ハーブ等を飾る

オレガノ

Oregano

育てやすさ　★☆☆☆☆

72

小さな葉がかわいい
香り豊かなハーブ

ギリシャ語のoros「山」＋ganos「美しさ、喜び」が由来でOriganum「山の喜び」を意味します。オレガノはハナハッカ属ですが、ハナハッカ属には異なる3種類のワイルドマジョラム、スイートマジョラム、ポットマジョラムがあります。オレガノは多年草で茎は木質化し、葉はコショウのような刺激臭があります。種をまいて芽が出てから2年目に花を咲かせます。白、ピンク、赤紫色の花を穂状に咲かせます。スパイスとしてイタリアのピザやトマト料理、メキシコのチリパウダー、ブーケガルニなどに使われます。肉の臭みを消すので肉料理にも欠かせないハーブです。西洋では古くから頭痛、リュウマチの痛み、生理痛を鎮める薬草として利用されました。また、葉は胃腸の働きを整え消化を促進し、神経の高ぶりを抑えてくれます。

データ

Data

学名	*Origanum vulgare*
科名	シソ科　多年草
和名	ハナハッカ
別名	ワイルドマジョラム
原産地	ヨーロッパ、アジア東部
草丈	30〜90cm
使用部位	花、葉、若枝、茎
用途	お茶、料理、ルームスプレー、健康、花の部分で染色
作用	抗菌、抗真菌、鎮静、鎮痛、抗酸化、抗ウイルス、消化促進、発汗
効能	神経の緩和、頭痛、咳等の風邪症状、リュウマチ痛、関節痛、老化防止、胃もたれ、食べ過ぎ、生活習慣病予防

品種

Varieties

ポットマジョラム
オレガノとマジョラムの中間の香り。夏に白やピンクの花を咲かせ、オレガノと同様に、地中海料理に使われる。

スイートマジョラム（p108参照）

オレガノ・プルケルム
花オレガノの種類。観賞用のオレガノでピンクの花をつける。高温多湿を嫌い、戸外で越冬する。

オレガノ・ケントビューティー
ピンクの苞がとても美しい観賞用のオレガノ。高温多湿を嫌い、日当たりのよいところを好む。戸外で越冬する。

日当たり	日なた
水やり	表土が乾いたらたっぷりと
土	水はけのよい土
耐寒性	弱い
耐暑性	強い
肥料	植えつけ時に元肥、収穫後に追肥
病害虫	アブラムシ、ハダニ

	1 Jan.	2 Feb.	3 Mar.	4 Apr.	5 May	6 Jun.	7 Jul.	8 Aug.	9 Sep.	10 Oct.	11 Nov.	12 Dec.
種まき												
植えつけ												
開花												
切り戻し												
挿し木												
収穫												

オレガノを使ったレシピ ────────────

Oregano's recipes

🌿 ハーブパン粉焼き

材料 （2人分）

白身魚（鱈、鰆、鯛等）
　… 切り身2枚（ひと口大）
ナス … 1本（ひと口大）
ズッキーニ … 1本（ひと口大）
小麦粉 … 適量
卵 … 1個
ハーブパン粉
　パン粉 … 2カップ
　パセリ（ドライ）… 大さじ1
　タイム（ドライ）… 大さじ1
　オレガノ（ドライ）… 大さじ1
揚げ油 … 適量

魚、ナス、ズッキーニに小麦粉、卵（パルメザンチーズ〈分量外〉を入れる）、ハーブパン粉を順にまぶして、180℃のオイルで揚げる。お皿に盛り、ハーブ、バルサミコ酢を添える

🌿 トマトオーブン焼き

材料 （4人分）

ハーブパン粉（左記）… 1カップ
パセリ … 適量（みじん切り）
タマネギ … 1/2個（みじん切り）
ニンニク … 1片（みじん切り）
トマト … 2個
塩、コショウ … 各適量

① ハーブパン粉にパセリ、タマネギ、ニンニクを入れて塩、コショウを振り、よく混ぜる
② トマトの上をカットして①をのせ、オリーブオイル（分量外）をかけて、200℃に温めたオーブンで15〜20分焼き、ハーブを飾る

🫙 オレガノチンキ

材料

オレガノ（ドライ）… 15g
アルコール濃度40度以上の酒 … 50cc

① びんにオレガノを入れて酒をびんの口までそそぐ
② 日の当たらない場所で2週間熟成させる
③ こしてびんに移し、ラベルに日付と名前を書いて貼り、冷暗所で保管する

＊1年有効

● オレガノチンキを使ったルームスプレー

材料

オレガノチンキ … 10cc
精製水 … 10cc
無水エタノール … 30cc
ラベンダー精油 … 2滴

① ビーカーに無水エタノールを入れ、精油を2滴たらしてよく混ぜる
② ①にオレガノチンキ、精製水を入れてよく混ぜ、スプレーびんに入れ、日付を書いたラベルを貼る

＊保存期間は常温で1〜2カ月

73

セージ

ホワイトセージ

Data

学名	*Salvia officinalis*
科名	シソ科　多年草
和名	薬用サルビア
別名	ガーデンサルビア
原産地	地中海沿岸、ヨーロッパ、アジア
草丈	60〜80cm
使用部位	花、葉
用途	お茶、料理、健康、消毒、殺菌スプレー
作用	強壮、抗菌、抗酸化、通経、収斂
効能	神経のバランス調整、ホルモン調整、女性特有の症状の緩和

＊妊娠中、子どもには使用しない

74

強い風味を持ち、料理、薬用に欠かせないハーブ

古代ギリシャでは万能薬として使われ、切り傷、熱病、各種の出血、尿路結石、生理不順などに効果的だと考えられていました。日本には明治20年頃に渡来しました。葉には強い風味があり、乾燥させるとさらに風味が強くなります。脂肪の多い肉の香りづけや消化促進に使われます。風邪、扁桃腺炎、気管支炎などの初期症状にセージのお茶を飲むとよいでしょう。また、月経不順、更年期症状等の婦人科系の症状にも役に立つハーブです。セージにはたくさんの種類があり、料理、薬用には一般的にはコモンセージを使います。初夏から薄紫の花を咲かせます。花はサラダの飾りにも。高温多湿を嫌うので、梅雨時期には収穫を兼ねて剪定し、風通しをよくすると夏をのりきりやすくなります。初夏から秋に剪定した枝で、挿し木をするとよいでしょう。

品種

Varieties

コモンセージ
officinalisは「薬用の」という意味があり古くから薬用に使われてきた。ヨモギや、樟脳のようなツンとした香りがする。殺菌作用が強いので、燻製や肉類の臭み消しに使われる。アルコールに漬け込んだセージは疲労回復、喉の痛み、咳などに効果がある。

クラリセージ
古くから薬用、香料、観賞用として使われてきた。ホルモン様作用があり、女性ホルモンの調整に役に立つ。

ホワイトセージ
高さ1mほどになる半耐寒性常緑低木。葉と茎が白い粉で覆われている。アメリカ先住民が宗教儀式に葉と茎を炊いた。

パイナップルセージ
葉がパイナップルの香りがする。半耐寒性の低木で晩秋から真っ赤な花を咲かせる。ケーキやティーで楽しめる。短く切り戻して、越冬させる。

パープルセージ
コモンセージの園芸種で葉の色が紫色とシルバーグリーンの美しいセージ。寄せ植えや花だんの植え込みにも使われる。コモンセージと同じように料理にも使われる。

Care

		1 Jan.	2 Feb.	3 Mar.	4 Apr.	5 May	6 Jun.	7 Jul.	8 Aug.	9 Sep.	10 Oct.	11 Nov.	12 Dec.

日当たり 日なた
水やり 多湿を嫌うので表土が乾いたらたっぷりと
土 肥沃な土壌
耐寒性 強い
耐暑性 強い
肥料 植えつけ時に元肥、収穫後に追肥
病害虫 アブラムシ、エカキムシ、ヨトウムシ、ハダニ、ナメクジ

Work calendar

種まき
植えつけ
開花
切り戻し
挿し木
収穫

セージを使ったレシピ

Common sage's recipes

🌱 オイルサーディンと生ハムと
セージのサルティンボッカ

材料（4人分）
オイルサーディン … 1缶
生ハム … 4枚（豚肉でもよい）
セージの葉 … 4枚
レモン … 適量
オリーブオイル … 適量
バター … 適量
白ワイン … 適量

① オイルサーディン、セージを生ハムで巻いて小麦粉（分量外）をまぶす
② フライパンにオイルとバターを入れ、オイルサーディンの面から焼き、ひっくり返して軽く焼く
③ フライパンに残っている汁にワインを入れてソースを作る。夏野菜と共に盛りつけ、ソースをかけてレモンを添え、ハーブ等を飾る

🌱 セージのフリッター

材料（4人分）
セージの葉 … 20枚
小麦粉 … 大さじ3
片栗粉 … 大さじ1
ベーキングパウダー … 小さじ1/2
卵 … 1/2個
ビール … 50cc
揚げ油 … 適量
　（オリーブオイルで揚げるとおいしい）
レモン … 1/4個（くし形切り）

① セージの葉に卵を塗り、粉類をつける
② ビールの泡をボウルに移し、①を手早く絡めて180℃のオイルでさっと揚げる
③ 皿に盛り、レモンを添える

🧴 セージチンキ

材料
セージ（生）… 適量
アルコール濃度40度以上の酒 … 適量

① 手持ちのびんにセージの葉を8分目まで入れる
② セージが隠れるくらい酒をたっぷり入れる
③ 2週間、日の当たらない窓辺に置き、ときどきひっくり返す
④ 2週間経ったらこし、ラベルに日付を書いて貼り、冷暗所で保管する

＊1年有効

🧴 セージのうがい薬

使用方法
うがい薬
コップ1杯の水に小さじ1のセージチンキを入れてうがいをする

＊1回ごとに作る

喉スプレー
スプレー容器に精製水とセージチンキを2：1の割合で入れ、喉にスプレーをする

＊保存期間は1〜2週間

🧴 万能お掃除パウダー

材料
ペパーミント（ドライ）… 大さじ1
セージ（ドライ）… 大さじ1
重曹 … 1カップ
酢水 … 水で2〜3倍にうすめる

材料を合わせてびんに入れておく。酢水は使用時にパウダーに混ぜる

＊保存期間は半年
　（使用方法→p40）

レモンバーム

育てやすさ ★★★☆☆

76

爽やかなレモンの香りがする人気のハーブ

暑さ寒さに強く、初心者でも育てやすいハーブです。草の
ようなレモンの香り、そして爽やかな柑橘系の香りがしま
す。生育も旺盛で、初夏から夏に白い花が葉を取り囲んで
咲きますが、花が咲くと爽やかな香りが落ちるので蕾がつ
いたら刈り込むと、植物全体の容姿を保ちながら長く収穫
を楽しむことができます。切り戻した葉はお茶にしたり、
乾燥させて入浴剤などにも使えます。レモンバームはメリ
ッサと言われ、ミツバチが好み、古代ギリシャ時代から蜜
源植物として珍重され、薬用ハーブとして重視されました。
神経の安定、うつ症状の緩和、神経性胃痛改善、不眠改善
等に使われ、薬用として強い抗菌力を持ち外用等にも使わ
れてきました。

データ

Data

学名	*Melissa officinalis*
科名	シソ科　多年草
和名	セイヨウヤマハッカ　コウスイヤマハッカ
別名	メリッサ
原産地	南ヨーロッパ
草丈	30〜80cm
使用部位	葉
用途	お茶、料理、健康、美容、ポプリ
作用	鎮静、強壮、発汗、利尿、抗ウイルス、抗殺菌
効能	神経の安定、うつ症状緩和、不眠改善、血液降下、神経性の胃痛改善、頭痛、熱の伴う風邪

Note 　小話　古代ギリシャ、ローマの古い記録に「ワインに
漬け込んで内用、外用に使われた」とあります。
11世紀イブン・シーナの医学典範にも「心を明
るく陽気にさせ、元気を取り戻す」と記述がある
ように、古くから薬用ハーブとして使われていま
した。

		1 Jan.	2 Feb.	3 Mar.	4 Apr.	5 May	6 Jun.	7 Jul.	8 Aug.	9 Sep.	10 Oct.	11 Nov.	12 Dec.

日当たり	日なた
水やり	表土が乾いたらたっぷりと
土	保水性のある土壌
耐寒性	弱い
耐暑性	やや強い（夏の直射日光は避ける）
肥料	植えつけ時に元肥、剪定後に追肥
病害虫	ハダニ、コナジラミ、アオムシ、アブラムシ

種まき
植えつけ
開花
切り戻し
挿し木
収穫

レモンバームを使ったレシピ ————————

🌿 レモン風味のコンソメスープ

材料（4人分）
キャベツ … 4枚
ジャガイモ … 2個
コンソメスープ … 4カップ
塩、コショウ … 各適量
レモン … 適量
オリーブオイル … 大さじ1
レモンバーム（生）… 数枚

① キャベツはざく切り、ジャガイモは1cmのくし形切りにする
② ①をオイルでさっと炒め、コンソメスープを入れて10分煮る
③ 塩、コショウで味を調えてからレモンを搾り、レモンバームを入れる

＊レモンバームの香りが熱いスープに漂い食欲を促し、リラックス効果抜群

🌿 アサリのワイン蒸し

材料（4人分）
アサリ … 400g
ニンニク … 1片（みじん切り）
白ワイン … 1カップ
エシャロット … 3本（みじん切り）
レモンバーム（生）… 4本（みじん切り）
レモン … 1/2個
オリーブオイル … 大さじ1
塩、コショウ … 各適量

① レモンをくし形に切る
② アサリはよく洗って水分を切っておく
③ 鍋にオイルを入れ、ニンニクとエシャロットを炒め香りが立ったらアサリ、ワインを入れてふたをする
④ アサリの口が開いたら軽く塩、コショウをして器に盛る
⑤ レモンバームをかけ、レモンを添える

Note　小話　若返りの水
17世紀、世界中に修道院のあるカルメル修道会がレモンバームに何種類かのハーブを加えて「カルメルのメリッサ水」という若返りのリキュール作りました。ハンガリアンウォーターと共に若返りの効果があると広まりました。

🌿 5月病のためのレモンバームティー

5月は新しい生活が始まって1カ月、疲れが出てくる頃です。心身共に疲れたときには、レモンバームのお茶が助けてくれます。温かいティーの香りを吸い込みながら、ゆっくり飲むと心も体もリラックスします。

カップ1杯の分量
カップいっぱいに生のハーブを入れ熱湯をそそいで5分おき、こしていただく

🛁 バスソルト

シーソルト … 200g
ドライハーブ（ペパーミント、レモンバーム、ブルーマロー）… 各大さじ2
グリセリン、スイートアーモンドオイル … 各少量

全てをミックスする
＊1カ月以内に使いきる

フェンネル

育てやすさ　★★★☆☆

Note　小話　種を噛むと口臭を除去します。ヨーロッパでは「富める者は魚とフェンネルを食べ、貧しい者は食べる物がなくてもフェンネルだけを食べる」と言われ、食生活に深く浸透していました。

糸のような葉、黄色い小さな花は
魚料理や飾りに大活躍

最も古くから利用、栽培されてきたハーブのひとつです。日本には、平安時代に伝来しました。葉や果実（種子）は魚料理と相性がよく、「魚料理のハーブ」と言われています。比較的、どのような土地でも育てやすいのですが、移植を嫌うので、地植えかポットで育苗します。大型の多年草で、緑色の葉は羽状に裂けて糸のように細く、初夏から夏に小さな黄色の花を散形花序にたくさん咲かせます。秋に茶色の小さな実をつけます。花や葉はマリネ、ピクルス、魚料理に、フェンネルシードはティー、パン、ケーキに使われます。また薬草、スパイスとしても使われ、古代ギリシャ人はダイエットにも利用しました。ティーは消化を助け、胃や腸にたまったガスを排出したり、痰を切る作用があります。また、母乳の出をよくしたり、視力回復の働きも知られています。

データ

Data

学名	*Foeniculum vulgare*
科名	セリ科　多年草
和名	ウイキョウ
原産地	地中海沿岸
草丈	1～2m

使用部位	花、葉、種子
用途	お茶、料理、健康、美容（スチーム）
作用	利尿、発汗、駆風、女性ホルモン様、催乳、解毒、健胃、駆風
効能	胃腸を整える、消化促進、疝痛や腹部の不快感、腸内ガス排出、更年期等女性特有の症状改善

＊妊娠中は控える

品種

Varieties

フローレンスフェンネル
原産地：地中海沿岸
高さ1.5～2mの多年草で、葉のつけ根の株元が丸く肥大している。イタリアではフィノッキオと呼ばれ野菜として開花前に収穫され、サラダやスープなどに使われる。

ブロンズフェンネル
原産地：地中海沿岸
葉はきれいなブロンズ色。食用、ガーデニングに使われる。

			1 Jan.	2 Feb.	3 Mar.	4 Apr.	5 May	6 Jun.	7 Jul.	8 Aug.	9 Sep.	10 Oct.	11 Nov.	12 Dec.
Care	日当たり	日なた	種まき											
	水やり	表土が乾いたらたっぷりと	植えつけ											
	土	比較的どの土壌でも育つが、保水性のある土壌がよりよい	開花											
	耐寒性	弱い	切り戻し											
	耐暑性	強い	挿し木											
	肥料	植えつけ時に元肥	収穫											
	病害虫	ハダニ、アブラムシ、アゲハの幼虫												

━━━ フェンネルを使ったレシピ ━━━━━━━━━━━━━━━━━━━━━━━━━━

Fennel's recipes

❀ 白インゲンのディップ　ブルスケッタ

材料（4人分）
白インゲンの水煮缶 … 1缶
フェンネル（生）… 適量
サワークリーム … 大さじ1
レモンの搾り汁 … 大さじ1

フランスパン … 1本

① フランスパン以外の全ての材料をフードプロセッサーでディップ状にする
② フランスパンを薄く斜め切りにし、①をこんもり盛る
③ ハーブ等を飾る

❀ 魚とフェンネルの蒸し料理

材料（2人分）
真鯛 … 2切れ
アスパラガス … 4本
サヤインゲン … 4本
タケノコ … 4枚（茹でてスライス）
エビ … 適宜
タイム（生）、フェンネル（生）… 各4本
白ワイン … 大さじ2
ニンニク … 1片（スライス）
塩、コショウ … 各適量
オリーブオイル … 大さじ2

① 真鯛は塩、コショウをしておく
② アスパラガス、インゲンは10cmに切る
③ オイル大さじ1を入れたフライパンでニンニクを炒め、香りが出たらアスパラガス、インゲン、タケノコ、エビを入れてさっと炒める
④ キッチンペーパーを30×30cmに切り、真鯛、アスパラガス、インゲン、タケノコ、エビ、タイム、フェンネルの順にのせ、オイル大さじ1、ワインをかけて塩、コショウを振る
⑤ キッチンペーパーを折りたたんで両口をひもでしばり、210℃に温めたオーブンで15分蒸し焼きにする

❀ フェンネル、オレンジとカーリーレタスのサラダ

材料（2人分）
カーリーレタス … 5枚
オレンジ … 1個
フェンネルの葉 … ひと握り
フェンネルの花 … 4輪
ドレッシング
　オリーブオイル … 大さじ1
　白ワインビネガー … 大さじ1
　レモンの搾り汁 … 小さじ1
　メープルシロップ … 小さじ1
　塩 … 小さじ1
　黒コショウ … 適量

① カーリーレタスをひと口大にちぎり、オレンジは皮をむき房に分けてから半分に切る
② フェンネルの葉は軽くちぎり、花は茎を取る
③ 器にレタス、オレンジ、フェンネルの葉を混ぜて入れ、花を飾りドレッシングをかける

❀ フェンネルのティー

① ティーポットにフェンネルの種を軽く大さじ1入れる
② 生のフェンネルの葉も少々入れて熱湯をそそぐ
③ 3分蒸らす

木本のハーブ

常緑樹、落葉樹に分けられます。

常緑樹は冬にも葉を落とさず、春にまた新しい葉が加わります。

徐々に古い葉は散り始めますが常に緑の葉をつけています。

収穫を兼ねて軽い剪定をするとよいでしょう。

落葉樹は秋が深まると、葉を落とし越冬します。

秋に強い剪定をして冬を迎えると、春にはたくさんの新芽を確認できます。

「この本で取り上げている木本（常緑樹）のハーブ」

・ローズマリー　82

・タイム　84

・ラベンダー　88

「この本で取り上げている木本（落葉樹）のハーブ」

・レモンバーベナ　86

・バラ　92

ローズマリー

Rosemary

育てやすさ ★★★★☆

小話　聖母マリアが幼いキリストとエジプトから逃れるとき、海岸近くの白い小花の咲く灌木に青いマントをかけて眠りについたところ、目が覚めると白い花がブルーに変わっていたそうです。マリアの優しく、清らかな心が映し出されたのかもしれません。そこから「ローズ・オブ・マリー」と呼ばれるようになったそうです。

Note

和名の「万年郎」は永遠の青年を意味し
若返りのハーブとして人気

ラテン語の「海の雫」に由来するローズマリーは、すっきりした芳香があり、古代ギリシャ、ローマ時代から、若さを保つ薬として、また魔除けのハーブとして祭礼や儀式にも使われました。樹脂が多く含まれている葉は、薬や料理、オーデコロン等に使われてきました。特にイタリア料理等に利用され、花は料理の飾りや砂糖漬けに使われます。殺菌作用や酸化防止の働きがあるので食品の保存を助けます。また、記憶力、集中力を高め、脳の老化や物忘れなどを改善するのに効果があると言われています。ローズマリーは木立ち性と匍匐性、半匍匐性があります。移植を嫌うので庭植えの場合、植え替えは適しません。鉢物は根詰まりが起きている場合、2年ぐらいで植え替えが必要です。ひとまわり大きい鉢に植え替えましょう。湿度を嫌うので、乾燥気味に育てます。

データ

Data

学名	*Rosmarinus officinalis*	
科名	シソ科　常緑低木	
和名	マンネンロウ（万年郎）、メイテッコウ（迷迭香）	
原産地	地中海沿岸	
草丈	30〜130cm	
使用部位	葉、花、若枝	
用途	お茶、料理、健康、美容、クラフト	
作用	抗菌、抗真菌、血行促進、抗酸化、収斂、鎮痛、鎮痙、通経	
効能	血液循環をよくする、老化防止、集中力、記憶力向上、筋肉の痛み緩和、胆汁の排泄促進	

＊妊娠中、高血圧の人は長期の飲用は避ける

品種

Varieties

マジョルカピンク
ピンクの花がかわいらしく葉も小さい。料理、健康、クラフトにも使われる。

トスカーナブルー
トスカーナ地方に生息する立ち性のローズマリー。成長が早い。肉料理に使われる。

マリンブルー
立ち性のローズマリー、丈夫で生垣や寄せ植えに使われる。料理にも。

		1 Jan.	2 Feb.	3 Mar.	4 Apr.	5 May	6 Jun.	7 Jul.	8 Aug.	9 Sep.	10 Oct.	11 Nov.	12 Dec.
Care	日当たり　日なた												
	水やり　　表土が乾いたらたっぷりと												
	土　　　　排水性のよい土												
	耐寒性　　強い												
	耐暑性　　強い												
	肥料　　　植えつけ時に元肥												
	病害虫　　ハダニ、カイガラムシ												

Work calendar

種まき
植えつけ
開花
挿し木、
取木
収穫

ローズマリーを使ったレシピ ————————————————————

Rosemary's recipes

🌱 ローズマリーのアップルコンポート

材料 （2人分）
リンゴ … 2個
レーズン … 30g
赤ワイン … 100cc
砂糖 … 100g
バラのハーブティー … 大さじ3
ローズマリー（ドライ）… 6g
クローブ … 4粒
生クリーム … 適量（ホイップしておく）

① 深鍋にワインと砂糖を入れて沸騰させる
② リンゴを皮つきのまま4等分して①に入れ、ハーブティーをそそぎ、ローズマリーとクローブを入れる
③ 串を刺してすっと通るまで煮る。皿に盛って生クリームとハーブ等を飾る

🧴 ローズマリーのシャンプー

材料
シャンプー素地 … 200cc
ローズマリーチンキ（p91の
　ラベンダーチンキを参照）… 大さじ1
ローズマリー（生の枝）… 1本

① ビーカーにシャンプー素地とチンキを入れてよく攪拌する
② ①をボトルに入れ、生のローズマリーを入れる

＊1カ月以内に使いきる

🧴 ハーブでフットバス

材料
熱湯 … 容器の半分くらい
ローズマリー（生）… 5～6本
ショウガ … 1片（スライス）
バラの花びら … 少量

① 足のくるぶしが浸るぐらいの容器にハーブを入れる
② 熱湯をそそぎ成分を抽出し、水を足してちょうどよい温度にする
③ 冷めてきたら熱湯をそそぎ5分ゆっくりと温まる

＊やけどに注意

🌱 小花のシュガーコート

材料
ローズマリーの花 … 3～4枚
ビオラ … 3～4枚
卵白 … 1個分
グラニュー糖 … 適量

花に筆で卵白を塗り、グラニュー糖をたっぷりかけて乾燥させる

＊ハーブティーに浮かせたり、お菓子にのせたりして楽しむ

83

体の血液循環を促し温まります。風邪をひいてお風呂に入れないときも全身浴と同じ効果があります。

タイム

育てやすさ ★★★☆☆

Data

学名	*Thymus vulgaris*
科名	シソ科　常緑小低木
和名	タチジャコウソウ
別名	ガーデンタイム
原産地	地中海沿岸、西アジア、北アフリカ
草丈	5〜30cm

使用部位	葉
用途	料理、お茶、薬用、クラフト
作用	抗菌、殺菌、鎮痛、防腐、消毒、去痰、利尿、鎮咳
効能	消化不良、気管支炎、感染症、喘息の発作、風邪予防、関節炎、記憶力や集中力

＊高血圧の人は長期の使用は避ける

強い殺菌力を持つので保存食や煮込み料理に

タイムという名はギリシャ語の「勇気」を意味する「thums」と「消毒」を意味する「thuo」の両方の言葉に由来します。古代エジプトではミイラの防腐剤として、また古代ギリシャ、ローマ時代では入浴剤やお香として利用されていました。和名の麝香草はムスク（麝香）の香りがすることが由来。タイムには立ち性と匍匐性があります。一般的なタイムは立ち性のコモンタイムで、料理によく使われます。強い殺菌力があることから保存食や、香りを生かして肉や魚料理に使われています。また、地中海料理やスープ、煮込み料理にはなくてはならないブーケガルニの定番のハーブです。乾燥させた葉をスパイスや防腐剤として用います。お茶は、消化不良、気管支炎、風邪などを予防する働きがあります。タイムは高温多湿を嫌うので、乾燥気味に育てます。梅雨前には切り戻しをして透かすことにより、枯れを防ぎます。

品種

Varieties

〈立ち性〉

コモンタイム
高さ30cmくらいの常緑小低木。葉は肉厚で小さく、加熱しても香りが飛ばないので煮込み料理に向いている。初夏から夏に淡紅色、白色、藤色などの小さな花を咲かせてハチを呼ぶ蜜源植物。

レモンタイム
レモンのような香りがして料理に香りを添える。夏に桃色から薄紫色の花を咲かせる。

〈匍匐性〉

クリーピングタイム
ヨーロッパなどに分布。高さ10〜15cmで、ピンクや白の花をつける。風邪の予防や喉の痛みに利用できる。

イブキジャコウソウ
日本に唯一分布するタイム。日本の低山から高山帯の日当たりのよい草地に自生し、紫紅色の花を咲かせる。料理の香りづけ、風邪の症状や喉の痛みに飲用。うがいにも利用できる。歯磨き粉の香料にも利用する。

		1 Jan.	2 Feb.	3 Mar.	4 Apr.	5 May	6 Jun.	7 Jul.	8 Aug.	9 Sep.	10 Oct.	11 Nov.	12 Dec.

Care

日当たり	日なた
水やり	多湿に弱いので与え過ぎに注意。乾燥気味に
土	排水性のよい土、苦土石灰等を入れて中和した土壌
耐寒性	強い
耐暑性	強い
肥料	植えつけ時に元肥
病害虫	ハダニ

Work calendar

種まき

植えつけ

開花

株分け、挿し木

収穫

タイムを使ったレシピ ——————————————————————

Thyme's recipes

🌿 ハーブバター

材料
バター … 100g
タイム（生）… 5本
イタリアンパセリ（生）… 1本

① ハーブはみじん切りにし、やわらかくしたバターに練り込む
② 形を整えて冷蔵庫で保存

＊魚のムニエル、エビ等と一緒にピラフに。トーストにも
＊保存期間は冷凍で1カ月

剪定したタイムをぐるっと巻いてリースにします。消毒殺菌力のあるタイムは、キッチンや洗面所に吊るします。爽やかな香りが清涼感を漂わせます。

🌿 スペインオムレツ

材料（4人分）
白インゲン … 2カップ（茹でる）
シメジ … 1/2房
ホウレンソウ … 3本（ざく切り）
タマネギ … 1/2個（みじん切り）
ニンニク … 1片（みじん切り）
卵 … 5個
ローリエパウダー … 小さじ1
タイム（生orドライ）… 小さじ1
塩、コショウ … 各適量
オリーブオイル … 大さじ3

① フライパンにオイル大さじ1を入れ、ニンニクを入れて香りが出たら、シメジ、タマネギ、ホウレンソウを入れて炒める
② ①にローリエ、タイムを入れる
③ ボウルに卵を割り入れてよく攪拌し、②と白インゲンを入れる
④ フライパンにオイル大さじ2を入れ、温まったら③を入れて塩、コショウで味を調える
⑤ 蒸し焼きにして裏返し、ゆっくり焼き上げる

🌿 ナスとズッキーニのタイムマリネ

材料（4人分）
ナス … 3本
ズッキーニ … 1本
オリーブオイル … 大さじ1
ニンニク … 2片（みじん切り）
タイム（生）… 5〜6本
オリーブオイル … 1/4カップ
塩、コショウ … 各適量

① ナス、ズッキーニは乱切りにする
② ①をオイル大さじ1で焼き色がつくぐらいにフライパンで焼き、塩、コショウを振る
③ オイル1/4カップでニンニク、タイムを弱火で炒める
④ 容器に②を入れて③を熱いうちにかけ、2〜3時間おく
⑤ 味がなじんだら皿にのせ、タイムの枝等を添える

レモンバーベナ

育てやすさ ★★★☆☆

レモンに似た甘い香りのハーブ
リラックスタイムにティーやお菓子で

レモンバーベナは、夏に白い小さな円錐花序の花を咲かせ、葉は細長く強いレモンの香りがします。フランスで人気のハーブで、生の葉のティーは格別のおいしさです。生の葉をそのまま食べることはありませんが、香りづけに少量使うことがあります。乾燥させた葉の香りは何年間も持ちます。香りを利用したお菓子や、お茶、オイル、ビネガー等の他、香水、石けん、化粧品等の香料としても使われています。高ぶった心を鎮める鎮静効果や、気管支や鼻の充血を鎮める作用もあります。寒さに弱く、5℃以下になると落葉します。軒下に入れてマルチングをするとよいでしょう。

データ
Data

学名	*Aloysia triphylla / Lippia citriodora*	
科名	クマツヅラ科　落葉低木	
和名	香水木　防臭木	
別名	ベルベーヌ	
原産地	アルゼンチン、チリ	
草丈	90〜120cm	
使用部位	葉	
用途	料理、お茶、化粧品	
作用	鎮静、鎮痛、抗菌、解熱、抗炎症	
効能	疲労回復、気管支炎、鼻炎、消化促進、吐き気、ガス排泄	

＊妊娠中は控える

Note　小話　日本では明治時代にコレラが流行したとき「防臭木」と名づけられ、コレラを防ぐという謳い文句で売り出されたことが、牧野冨太郎博士著『牧野新日本植物図鑑』に記載されています。

		1 Jan.	2 Feb.	3 Mar.	4 Apr.	5 May	6 Jun.	7 Jul.	8 Aug.	9 Sep.	10 Oct.	11 Nov.	12 Dec.

Care

日当たり	日なた
水やり	表土が乾いたらたっぷりと
土	排水性のよい土、市販の培養土でもよい
耐寒性	強い
耐暑性	弱い
肥料	植えつけ時に元肥
病害虫	アブラムシ、ハダニ

Work calendar

| 植えつけ |
| 開花 |
| 剪定 |
| 挿し木 |
| 収穫 |

レモンバーベナを使ったレシピ ――――――――――――――――――――――――

Lemon verbena's recipes

❀ ハーブビネガー

作り方

レモンバーベナ、ローズヒップ、ローリエ各適量を白ワインビネガーに漬ける。1週間ぐらいででき上がり

＊保存期間は常温で半年

❀ ハーブビネガーの洋風チラシ

作り方

ハーブビネガーですし飯を作る
（シソ、ドライトマト、レモンの薄切り、オクラ、ズッキーニ、しらす、干しブドウ等を飾って、ライスサラダ風に）

❀ レモンバーベナシロップ

作り方

ポットに生のハーブ30gかドライハーブ大さじ1と熱湯を入れ5分以上おき、レモンバーベナのハーブティーを作る。鍋に移してきび砂糖を入れ、全体量が2/3ぐらいになるまで10分程度煮る

＊保存期間は冷蔵庫で1週間

❀ レモンバーベナシロップを使ったブルーベリーマフィン

材料（2人分）

レモンバーベナシロップ（上記）… 30cc
ブルーベリー … 大さじ2
小麦粉 … 200g
ベーキングパウダー … 10g
バター … 100g
卵 … 2個
牛乳 … 100cc
砂糖 … 50g
塩 … 小さじ1/2

① ベーキングパウダーと小麦粉を振るっておく
② ボウルにバターを入れ、よく撹拌する
③ ②に砂糖、卵を入れ撹拌し、牛乳を足してさらに撹拌する
④ ③にシロップを入れて撹拌し、①とブルーベリーを入れてさっくり混ぜてから型に入れる
⑤ 180℃に温めたオーブンで20分焼き上げる
⑥ 型から出し、粉砂糖を振るい、ハーブ等を飾る

❀ レモンバーベナの和風サラダ

材料（4人分）

キュウリ … 1本
水菜 … 1束
エノキタケ … 1束
ミョウガ … 3個
ショウガ … 1片
レモンバーベナ（生）… 数枚
レモンバーベナドレッシング… 基本のドレッシングにレモンの搾り汁1/2個分とレモンバーベナを刻んで入れる

基本のドレッシング

オイル … 50cc
酢 … 30cc
塩 … 小さじ1/2
砂糖 … 小さじ1
（ハチミツ、メープルシロップでもよい）
コショウ … 少々

① キュウリはスライスして塩で揉み、水菜は2cmぐらいに切る。エノキはさっと湯通しして3cmぐらいに切る。ミョウガは縦にスライス、ショウガは千切りにする
② ボウルに材料全てを入れ、食べる直前にドレッシングをまわしかける

87

No. 4

ラベンダー

育てやすさ ★★★★☆

Lavender

爽やかな清々しい香りで
心身ともにリフレッシュ

ラベンダーは十字軍遠征等によって、ヨーロッパ各地に伝えられました。日本へは19世紀初めに渡来し、ヒロハラワンデルと呼ばれ、北海道で開発が進みました。紫色の花と爽やかで魅力的な香りを持つ、薬効成分を含む常緑の半低木です。多品種があり、特にイングリッシュ系のラベンダーは芳香油の分泌が多く薬効にすぐれています。花の部分は、ビネガー、砂糖菓子、ティー、入浴剤等に使えます。乾燥した花は虫除けのサシェや、香りを楽しむポプリ等にも。薬効は紀元前550年頃から知られていました。胸部の痛み、生理不順の改善、解毒剤に配合しても有効等と薬物誌、博物誌などに記されています。高温多湿に弱いので、日当たりのよい乾燥した場所で育てるのがよいでしょう。また、繁殖には挿し木で増やすのがベストです。

データ ―――――

Data

学名	*Lavandula spp.*
科名	シソ科　半常緑低木
和名	薫衣草（くぬえそう、くんいそう）
原産地	地中海沿岸、アフリカ北部
草丈	20〜100cm
使用部位	花、葉、茎
用途	料理、お茶、健康、美容、クラフト
作用	鎮静、鎮痙、鎮静、駆風、防腐、殺菌、防虫、血圧降下
効能	頭痛や高血圧、傷、やけど、精神的ストレスをやわらげる、緊張をほぐす、不安の緩和、咽頭炎、不眠症、消化促進、吐き気、めまい

＊妊娠中、授乳中、乳幼児、てんかんのある人は使用を控える

Note　小話　1930年代フランスの科学者ルネ・モーリス・ガットフォセは、科学実験中に事故でやけどを負い、その治療にラベンダーの精油を使用して効果をあげました。ラベンダーの薬理作用が証明された実例です。

		1 Jan.	2 Feb.	3 Mar.	4 Apr.	5 May	6 Jun.	7 Jul.	8 Aug.	9 Sep.	10 Oct.	11 Nov.	12 Dec.
Care	日当たり	日なた											
	水やり	表土が乾いたらたっぷりと。やり過ぎに注意											
	土	水はけのよい弱アルカリ性の土											
	耐寒性	強いが、種類によっては暑さには弱い											
	耐暑性	やや強い　種類によって弱いものある											
	肥料	植えつけ時に元肥											
	病害虫	アブラムシ、カタツムリ、カメムシ、ナメクジ、ハダニ											

Work calendar

	1 Jan.	2 Feb.	3 Mar.	4 Apr.	5 May	6 Jun.	7 Jul.	8 Aug.	9 Sep.	10 Oct.	11 Nov.	12 Dec.
種まき												
植えつけ												
開花												
株分け、挿し木												
収穫												

品種 ——————————————————

Varieties

〈 フレンチ系 〉
ストエカス
耐寒性で暑さにも強く、ウサギの耳のような苞が特徴的。香りは弱い。花後に切り戻して透かしてあげるのがよい。
＊妊娠中、授乳中、乳幼児、てんかんのある人は使用を控える

〈 プテロストエカス系 〉
レースラベンダー
深い切れ込みのあるレースのような葉と美しい花穂が特徴。乾燥気味に育てる。寒さに弱いが成長が早く、四季咲きで寄せ植えに向いている。冬は霜の当たらない軒下がベスト。

89

〈 イングリッシュ系 〉
イングリッシュラベンダー
寒さ、乾燥に強く、高温多湿に弱い。真正ラベンダー、コモンラベンダー等があり、冷涼地で育ち精油の収量数が最も多い種類。

デンタータ
半耐寒性。キレハラベンダー、フリンジラベンダーともに四季咲き性で香りはやや弱い。歯のような切れ込みの入った葉を持ち、全草に強い香りがある。観賞用として、またポプリなどにも使われる。

乾燥 ——————————————————

Dry

収穫したラベンダーは、小分けにして束ねて結び、風通しのよいところで乾燥させましょう。

🌿 ラベンダーティー

① カップにラベンダーの花を入れる
② 熱湯を入れて5分蒸らす
③ レモンの搾り汁を入れると、ピンク色に
　変わる

🌿 ハーブワイン

材料
白ワイン … 100cc
ラベンダー（生）… 3g
レモンバーベナ（生）… 5g

① ワインにハーブを入れる
② 常温で2～3日おく
③ 香りが移ったら中のハーブを取り出し、
　こして冷やす

＊保存期間は2～3週間

🌿 クラッカーのイチジク、
クルミのせフィンガーフーズ

① クラッカーにたっぷりクリームチーズを
　塗る
② 皮つきのイチジクを縦6等分に切り、ハ
　ーブワイン（左記）とハチミツに漬ける
③ ①に②とクルミを砕いたものとローズマ
　リーをのせる

🌿 ラベンダーケーキ

材料（18cm型）
マスカルポーネチーズ … 200g
砂糖 … 50g
卵 … 2個
生クリーム … 1カップ
小麦粉 … 大さじ2
ラベンダーティー（ドライで）… 大さじ1

① ラベンダーティーを作っておく（ドライ
　のラベンダー大さじ3を熱湯250ccで5
　分抽出）
② マスカルポーネと砂糖をフードプロセッ
　サーで混ぜる
③ ②に卵、①を入れてよく混ぜ、小麦粉を
　入れる
④ ③に生クリームを入れ攪拌する
⑤ ④を型に流し入れ、180℃に温めたオー
　ブンで40分焼く
⑥ 食べやすい大きさに切り、上にラベンダ
　ージュレ（下記）、ミントの葉等を飾る

● ラベンダージュレ

材料
ラベンダーティー（上記）… 250cc
ゼラチン … 5g
白ワイン … 大さじ1
きび砂糖 … 30g

① ワインにゼラチンを入れてふやかしてお
　く
② 熱いハーブティーに①と砂糖を入れてよ
　く混ぜる
③ 型に流し入れて2～3時間冷蔵庫で冷や
　す

🏠 ラベンダーチンキ

材料
ラベンダー（ドライ）… 10g
アルコール濃度40度以上の酒

① 50ccのびんにラベンダーを入れ、口まで
　酒をそそぐ
② 2週間ほど日の当たらない場所におく
③ ②をこして冷暗所で保存する
＊1年有効

🏠 日焼け止め

材料
ラベンダーチンキ（上記）… 10cc
精製水 … 40cc

＊容器に材料を入れ、1カ月をメドに使いきる
＊日焼け止め、日焼け後のメンテナンス等に

🏠 シューキーパー

材料 （2足分）
バラの花びら（ドライ）… 5g
ラベンダー（ドライ）… 5g
ローズマリー（ドライ）… 5g
ミント（ドライ）… 5g
12×12cmの木綿布 … 4枚
リボン … 好みで

① ハーブを混ぜておく
② 布をハート形に切る
③ 布を中表に合わせリボンを挟んで周りを
　縫い、3cmぐらいあけて表に返す
④ ①を詰めて口を閉じる
＊保存期間は1年

ハートのシューキーパーは抗菌作用があるうえ香りも
よく大切な靴を守ってくれます。

91

🏠 庭のハーブで入浴剤

ラベンダー（心の鎮静）
ローズゼラニウム（保湿力、アトピー）
レモンバーム（リラックス効果）
ローズマリー（集中力UP、血行促進）

① ハーブを細かく刻みガーゼの袋に詰める
② お湯を入れるのと同時にハーブの袋を入
　れる
＊残り湯は洗濯に使用不可
＊1回ごとに使いきる

美しいラベンダーの花。ティーに浮か
べたり、部屋に飾ったり、大活躍。

バラ

Rose

Note　小話　若返りの薬としてクレオパトラは入浴剤として愛用しました。また、官能的なバラの香りを愛しアントニウスと初めて会ったときにバラの花びらを床に敷き詰めたそうです。

92

花の美しさと甘い香りで
観賞用としても大人気

純愛と女らしさの象徴とされ、気品、冷静さを感じさせてくれるバラは数多くの種類があり、日本にはノイバラが古くから自生しています。平安時代の『古今和歌集』『源氏物語』等には、中国から入ったチャイナローズが「そうび」と書かれています。「香りの女王」と呼ばれるバラは、食用、ハーブティー、チンキ、精油等に幅広く使われてきました。数ある種類の中でも、香りが強く薬効が高い野生種「オールドローズ」がよく使われます。バラには女性ホルモンを調整する働きもあり、PMS（月経前症候群）、更年期症状を緩和してくれます。喉の痛み、皮膚のトラブル、疲れ目等にはチンキが活躍します。乾燥させた花弁は香りが長持ちし、ポプリ、ジャム、シロップ、ワイン等に使われています。また、すぐれた殺菌作用や収斂作用があり、肌を若々しく保つ化粧品として、古い時代から用いられてきました。

データ ———

Data

学名	*Rosa spp.*
科名	バラ科　落葉低木
原産地	北半球の温帯地域
草丈	ツル性と木立ち性があり5mになるものもある

使用部位	花、果実
用途	お茶、料理、健康、化粧品、クラフト
作用	緩下、強壮、鎮静、抗うつ
効能	神経の緊張をやわらげる、月経前症候群の緩和、更年期の諸症状緩和

品種 ———

Varieties

オールドローズ
一季咲きでよく花がつく。原種もしくは原種に近いバラ。

ダマスクローズ
香りが強く香料作りに使われる。

ケントフォリアローズ
キャベツローズとも言われ、花弁がロゼット状に開く。

ガリカローズ
紀元前から栽培されている。中輪咲きで香りが弱い。

チャイナローズ
中国原産で、中国では生薬として使われている。

日当たり	日なた	
水やり	乾いたらたっぷりと	
土	弱酸性の土壌	
耐寒性	強い	
耐暑性	強い	
肥料	元肥、お礼肥（6月）寒肥（1～2月）	
病害虫	カイガラムシ、ハダニ、黒星病、うどんこ病、黒点病	

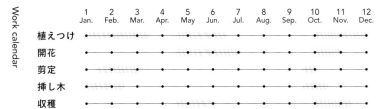

	1 Jan.	2 Feb.	3 Mar.	4 Apr.	5 May	6 Jun.	7 Jul.	8 Aug.	9 Sep.	10 Oct.	11 Nov.	12 Dec.
植えつけ												
開花												
剪定												
挿し木												
収穫												

バラの実が赤く色づいたら、リースやスワッグを作って飾ります。シャリンバイの緑の実と合わせるとクリスマスリースに。

5月のバラ、四季咲きのバラ、それぞれに趣があります。バラの花びらのお茶やバラを仕込んだワインで、癒しの時間を。

バラを使ったレシピ

Rose's recipes

🌿 バラジャム

材料
バラの花びら（生）… 100g
砂糖 … 80g
レモンの搾り汁 … 1個分
水 … 1カップ

① 朝早く摘んだ花びらにレモンの搾り汁を
　かけてよく揉む
② 10分ぐらい揉むと花の汁が出るのでとっ
　ておく
③ 花びらを鍋に移し、水、砂糖を入れ、20
　分ぐらい弱火で煮詰める
④ 火を止めて②を入れて少し休ませる
⑤ 1時間ぐらいたったら、弱火でさらに煮
　詰めてでき上がり

・好みでヨーグルト、アイスクリーム、スコーンなど
　にかけていただく
＊保存期間は1〜2カ月

🌿 バラのスコーン

材料（6個分）
A｜薄力粉 … 100g
　｜米粉 … 130g
　｜ベーキングパウダー … 大さじ1
　｜塩 … ひとつまみ
　｜無塩バター … 70g（1cm角）
　｜牛乳 … 100cc
バラチンキ（右記）… 大さじ1
生クリーム … 50cc
砂糖 … 大さじ1
バラの花びらのシュガーコート（右記）
　… 6枚
バラジャム（左記）… 少々

① Aをフードプロセッサーに入れ、よ
　く撹拌する
② ①を麺棒等で厚さ2cmぐらいに伸ば
　し、型抜きをして200℃に温めたオー
　ブンで15分焼く
③ 生クリームに砂糖とバラチンキを加
　えてホイップする
④ 焼き上がった②に③をのせ、バラジ
　ャム、シュガーコート、ミント等を
　飾る

🌿 バラチンキ

材料
ローズレッド（＊）（ドライ）… 7g
アルコール濃度40度以上の酒

① 50ccのびんにローズレッドを入れて酒を
　口までそそぐ
② 日の当たらない場所で2週間熟成させる
③ こしてびんに移し、ラベルに日付と名前
　を書いて貼り、冷暗所で保管する

＊1年有効
＊ローズレッドとして市販されているものを使用

94

⬜ バラの保湿ローション

材料
精製水 … 30cc
バラチンキ（左記）… 10cc
グリセリン … 5cc
バラの精油 … 1滴

① 容器にチンキとグリセリン、精油を入れ
　てよく混ぜる
② 精製水を①に入れ、よく混ぜる
③ ②をびんに移し、ラベルに名前と日付を
　書いて貼る

＊1～2カ月以内に使いきる

🌹 ローズビネガー

材料
リンゴ酢 … 150cc
バラの花びら（生）… 大さじ2

① びんにバラの花びらを入れてリンゴ
　酢をそそぐ
② バラが浸るようにガラス棒で沈める
③ 1週間ほど漬け込む。漬け込んだハ
　ーブは取り出す

＊使い始めたら冷暗所で保存。保存期間は常温で
　半年

🌹 バラの花びらのシュガーコート

材料
バラの花びら（生）… 適宜
卵白 … 1個分
グラニュー糖 … 適宜

① バラの花びらに卵白を筆で薄くまんべん
　なく塗る
② バットに入れたグラニュー糖に①を入れ
　てまぶす
③ 網にのせて1日乾かす

＊卵白は1個分だが、砂糖はバラの花びらの大きさに
　よって変える
＊まんべんなく砂糖がついていれば1年保存できる

95

🌹 ローズビネガーのライスサラダ

材料（2人分）
A｜ローズビネガー（右記）… 大さじ1
　｜きび砂糖 … 大さじ1
　｜塩 … 小さじ1/2
B｜レモンの搾り汁 … 小さじ1
　｜プチトマト … 4個
　｜ミント … 4枚（刻んでおく）
　｜エシャロット … 4本（みじん切り）
かための炊いたご飯 … 茶碗2杯分

① Aをボウルに入れてよく混ぜる
② ご飯に①を入れて軽く混ぜ、冷やしてお
　く
③ ②にBを入れて、ざっくり混ぜ合わせ、
　器に盛る
④ 好みでハーブやローズビネガーに漬け込
　んでいた花びら等を飾る

チンキの作り方

ハーブの活用法のひとつで、ハーブの水溶性、脂溶性の有効成分を
最大限にアルコールで抽出する方法です。
内用、外用共に使うことができます。
ここでは、ドクダミで詳しく作り方を紹介します。

🔲 ドクダミチンキ

材料
ドクダミの花
　　（咲き始めの花を摘み、茎と葉を
　　　落として花の部分だけを使う）
アルコール濃度40度以上の酒

① 手持ちのびんに生のドクダミの花
　を八分目まで入れる
② ①にびんの口すれすれまで酒をそ
　そぐ
③ 日の当たらない場所に2週間おい
　て熟成させる。ときどきひっくり
　返す
④ ガーゼやコーヒーフィルターなど
　でこして遮光びん等に移し、ラベ
　ルにチンキ名、漬け込んだ日、終
　了日等を記載してびんに貼り、冷
　暗所で保管する

● チンキを使用するにあたって

＊保存期間は1年
＊酒はハーブがしっかり隠れるまで入れる
＊びんは必ず煮沸消毒する
＊幼児やアルコールに弱い人は、熱湯でアル
　コールを飛ばしてから内服する
＊必ず冷暗所で保管する
＊妊娠中、授乳中、幼児、健康に不安のある
　人は専門医に相談してから使用する

● チンキの使い方

［内用］
・うがい薬（作り方→p75）
・ティーに数滴入れたり、炭酸などで割って
　ドリンクで飲用する

［外用］
・消毒、殺菌などのルームスプレー（作り方
　→p73）に
・保湿ローション（作り方→p95）、日焼け
　止め（作り方→p91）、クリーム、ジェル
　等のスキンケアに
・入浴時に数滴垂らして
・虫刺されジェル（作り方→p29）、虫除け
　スプレー（作り方→p29）、ニキビなどの
　薬用ローションやクリームに

● 本書で紹介しているハーブのチンキ

・オレガノチンキ　　　作り方→p73
・セージチンキ　　　　作り方→p75
・ラベンダーチンキ　　作り方→p91
・バラチンキ　　　　　作り方→p94

ハーブビネガーとハーブオイルの作り方

🌿 ハーブビネガー（ローズビネガーで）作り方→p95

● ビネガーに向いている ハーブ＆組み合わせ

初夏の摘みたてのフレッシュハーブがいちばんおすすめ。1種類でも何種類ブレンドしても作れる。おすすめのハーブはタイム、セージ、ローリエ、パセリ、バジル、ローズマリー、チャイブ、タラゴン、ヒソップ、バラ、ナスタチウム、カレンデュラ等

● 使用するおすすめの酢

ワインビネガー、リンゴ酢等の良質なもの

● 使用例

・バスタブに入れて入浴剤
・お湯を入れた洗面器に大さじ2入れてリンスにも
・すし飯の酢

🌿 ハーブオイル

材料
エキストラバージンオリーブオイル
　… 200cc
料理に合わせたハーブ（生）… 適量

① びんにハーブを2、3本入れて、オイルをそそぐ
② ハーブは1～2週間で引き上げるが、そのままでも大丈夫

＊使い始めたら冷暗所で保存。保存期間は約3カ月

● イタリアンミックスオイル

材料
バジル（生）… 1本
ニンニク … 1片
唐辛子 … 1本
オレガノ（生）… 2本
ローリエ … 1枚
オリーブオイル … 200cc
料理例：トマトパスタ、ミネストローネ等

● ローズマリーとタイムの ハーブオイル

材料
ローズマリー（生）、タイム（生）
　… 各2本
オリーブオイル … 200cc
料理例：ジャガイモとインゲンのハーブオイルソテー

● バジルオイル

材料
バジル（生）… 3本
オレガノ（生）… 1本
オリーブオイル … 200cc
料理例：ジェノベーゼ、サラダのドレッシング、ピザ等

● オイルに向いているハーブ＆組み合わせ

ローズマリー、タイム、バジル、オレガノ、ローリエ

● 使用するおすすめのオイル

エキストラバージンオリーブオイル（低温圧搾油であれば、大豆やひまわり油でもよい）

● 料理例　ミネストローネ

材料（4人分）
イタリアンミックスオイル … 大さじ2
トマト缶（ダイス）… 1缶
タマネギ … 1個（1cmの角切り）
ニンジン … 1本（1cmの角切り）
セロリ … 1/2本（1cmの角切り）
ズッキーニ … 1本（1cmの角切り）
ベーコン … 2枚
ニンニク … 1片
　（みじん切り）
水 … 600cc
塩 … 小さじ1
コショウ … 適量
コンソメ
　… 大さじ1
ローリエ … 1枚
パプリカパウダー
　… 小さじ2

① 鍋にハーブオイルとニンニクを入れて炒め、ベーコン、野菜の順に入れて炒める
② ①にトマトと水を加え、ローリエ、コンソメを入れて中火で10分、弱火にして10分煮て、塩、コショウ、パプリカを入れて味を調える
③ ②を器に盛り、イタリアンミックスオイル小さじ1（分量外）をかける

ハーブバターとハーブソルトの作り方

🌿 **ハーブバター**　作り方→p85

● **バターに向いているハーブ＆組み合わせ**

チャイブ、パセリ、バジル、コリアンダー、タイム、ラベンダー、ニンニク、フェンネル、ローズマリー

● **使用するおすすめのバター**

無塩バター　有塩バター

● **料理例（エビとパセリのピラフ）**

材料（4人分）
ハーブバター … 2cm角
米 … 2合
ムキエビ … 10尾（3等分）
タマネギ … 1/4個（みじん切り）
白ワイン … 大さじ2
塩 … 小さじ2
オリーブオイル … 大さじ1
コショウ … 適量
パセリ … 大さじ2（みじん切り）

米は洗ってザルにあげておく。オイルでエビとタマネギを軽く炒め、炊飯器に米、エビ、タマネギ、ワイン、塩、コショウ、ハーブバターを入れて通常の水加減で炊く。炊き上がったらパセリを入れてさっくり混ぜる

🌿 **ハーブソルト**

● **ソルトに向いているハーブ＆組み合わせ**

イタリアンパセリ、カーリーパセリ、ローズマリー、タイム、タラゴン、オレガノ、ローリエ、シソ
＊全てドライを使う

● **使用するおすすめのソルト**

岩塩、海塩等の自然塩

● **使用例**

［魚料理］
海塩、ローズマリー、フェンネル、タイム

［パスタなどのイタリアン料理］
岩塩、パセリ、バジル

［サラダ、お菓子］
岩塩、バラ

［ハンバーグ、シチュー、唐揚げ］
海塩、タイム、オレガノ

● **料理例**
ジャガイモとベーコンのローズマリー炒め

材料（2人分）
ジャガイモ … 大2個（ひと口大）
ベーコン … 3枚（1cm幅）
ニンニク … 1片（みじん切り）
ハーブソルト（ローズマリー、タイム、パセリ）… 小さじ2
オリーブオイル … 大さじ2
黒コショウ … 適量

ジャガイモを水にさらし、鍋に入れて水をかぶるくらいそそぎ、串がさっと通るまで茹でる。フライパンにオイルを入れてニンニクを炒めて香りを出し、ベーコン、ジャガイモを入れて炒める。ハーブソルトと黒コショウを振って皿に盛り、飾りのハーブをのせる

ハーブワインとハーブドレッシングの作り方

⟱ ハーブワイン　作り方→p90

● ワインに向いているハーブ＆組み合わせ

ローズレッド、ラベンダー、レモンバーベナ

● 使用するおすすめのワイン

白ワイン … ハーブの香りや色を楽しむ
赤ワイン … 冬のホットワインに
＊高価なワインでなくてよい

● 使用例

ハーブは生でも、ドライでもよい

［生のハーブ］
白ワインの量の1/3を入れて1週間おき、こ
してでき上がり

［ドライハーブ］
500ccのワインにハーブ大さじ2くらい

［ホットワイン］
鍋に赤ワイン1000ccにクローブ5粒、シナ
モンスティック5cm、生のセージ少々、ハ
チミツ大さじ5を入れ、ひと煮立ちさせる

⟱ ハーブドレッシング

＊基本のドレッシングの割合
材料
オイル … 50cc
酢 … 30cc
塩 … 小さじ1/2
砂糖（ハチミツ、メープルシロップ
　　　でもよい）… 小さじ1
コショウ … 適量

基本のドレッシングに、生のミント、
ローズマリー等を刻んで入れる

● ドレッシングに向いている
　ハーブ＆組み合わせ

ミント類、ローズマリー、タイム、レモンバー
ム

● 使用するおすすめのお酢＆オイルなど

リンゴ酢、ワインビネガー、オリーブオイル、
ゴマ油

ハーブ入りピクルスの作り方

🌿 ハーブ入りピクルス

＊基本のピクルス液
材料
酢 … 50cc
水 … 50cc
砂糖 … 大さじ 3
塩 … 小さじ 1 / 2
ローリエ … 1枚
唐辛子 … 1本

● ピクルスに向いている
　ハーブ&組み合わせ

ローリエ、タイム、クローブ、ロー
ズマリー、トウガラシ、バジル、パ
セリ、オレガノ等

● 使用するおすすめの酢

リンゴ酢、ワインビネガー

● 料理例

トマトとハチミツのミントマリネ

材料 （4人分）
ミニトマト … 10個
ミントの葉 … 数枚
ハチミツ … 大さじ 2
レモンの搾り汁 … 1個分

びんに材料を全て入れ、1度沸騰させた
基本のピクルス液を口までそそぐ

**ダイコン、オクラ、ニンジン、
ミニトマトのピクルス**

びんに材料を全て入れ、1度沸騰させた
基本のピクルス液を口までそそぐ。オク
ラはさっとお湯に通し塩で揉んでおくと
よい。野菜の量はお好みで

**オクラ、セロリ、ニンジン、
トマトの簡単ピクルス**

材料 （4人分）
A｜リンゴ酢 … 100cc
　｜水 … 100cc
　｜砂糖 … 大さじ 2
　｜塩 … 小さじ 1
　｜ローリエ … 1枚
　｜唐辛子 … 1本
　｜ローズマリー（生）… 1枝
　｜タイム（生）… 3本
　｜クローブ … 3粒
B｜オクラ … 5本
　｜セロリ … 1本
　｜ニンジン … 7cmぐらい
　｜ミニトマト … 6個

①Aをボウルに入れよくかき混ぜる
②オクラはさっと熱湯をかけ塩で揉み、
　ヘタを取り斜めに2分割する
③セロリ、ニンジンも斜めに食べやすい
　大きさに切る
④保存袋に①〜③を入れて軽く揉んでで
　き上がり

＊すぐに食べられるが、1日おくとおいしい
＊1〜2週間以内に食べきるのがベスト
＊びんに入れて冷蔵庫で保存しておくことも
　できる

オリーブの実とモッツァレラピクルス

材料 （4人分）
種なしオリーブ … 1カップ
モッツァレラチーズ
　… 10個（ひと口大）
ピクルス液
　｜ワインビネガー … 30cc
　｜オリーブオイル … 30cc
　｜塩 … 小さじ 1
　｜コショウ … 適量
バジル（生）… 5〜6枚
（みじん切り）
パセリ（生）… 3本
（軸を取ってみじん切り）
ローリエ … 1枚
唐辛子 … 1本

全てをミックスする

ハーブのジェノベーゼとシュガーコートの作り方

⊘ バジルのジェノベーゼ
p50でも紹介

材料
バジル（生）… 100g
　（パセリを足してもよい）
ニンニク … 大1片
松の実 … 30g
　（カシューナッツでもよい）
アンチョビ … 2枚
オリーブオイル … 200cc
コショウ … 適宜

フードプロセッサーに全ての材料を
入れてペースト状にする

● ジェノベーゼに向いている
　ハーブ＆組み合わせ

パセリ、シソ、水菜、ミツバ、コマツナ、
ホウレンソウ、ミント等

ニンニク　　アンチョビ　　松の実

＊1〜2週間以内に食べきるのがベスト

● 使用例
・パセリのジェノベーゼ
　「マッシュルーム or シイタケのせグリル」

・シソ、バジルのジェノベーゼ
　「ジャガイモのグリルジェノベーゼ和え」

・コマツナとミツバのジェノベーゼ
　「リングイネパスタのジェノベーゼ和え」

・バジルとミントのジェノベーゼ
　「ブルスケッタ」

・ホウレンソウのジェノベーゼ
　「揚げ豆腐のジェノベーゼのせ」

分量はバジルのジェノベーゼと同じ。葉の部
分をバジルと同じ量入れる。2種類の葉物の
場合は好みで分量を決めるが、半々くらいが
よい

⊘ シュガーコート

● バラの花びら　作り方→p95

● ボリジの花　作り方→p57

● ローズマリーとビオラの花　作り方→p83

● シュガーコートに向いている
　ハーブ＆組み合わせ

バラ、ローズマリーの花、スミレ、ビオラ、
ミント、金木犀の花

● 使用例
温かい紅茶、ハーブティーに入れたり
ケーキ、クッキー等の飾りつけ

＊まんべんなく砂
　糖がついていれ
　ば1年保存でき
　る

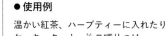

症状別ブレンドハーブティー

ハーブの持つ香りや効能を知って、毎日の体や心のケアに役立てたいですね。
体調や症状別にたくさんのブレンド例をひと目でわかるように紹介します。
ブレンドハーブティーでもっとハーブを楽しみましょう。

色字…本書で紹介しているハーブ
グレー字…その他のハーブ
・1杯分のドライハーブは小さじ山盛り1ぐらい
・生のハーブの場合はドライハーブの3倍入れる
・それぞれのハーブを同量ずつポットに入れて熱湯をそそぐ
・紹介しているものが揃わないとき…効果は少し薄れるので
　5分ぐらいかけてゆっくり成分を抽出する

心のケア

● **ストレスがたまったとき**
ジャーマンカモミール + レモンバーム +
レモンバーベナ

● **緊張をほぐしたいとき**
リンデン + ペパーミント + レモンバーベナ +
レモングラス

● **よく眠れないとき**
ラベンダー + ジャーマンカモミール + レモンバーム

● **集中力、記憶力を高めたいとき**
ローズマリー + ハイビスカス

● **気分が落ち込むとき**
レモンバーム + セントジョーンズワート + レモングラス

● **眠気を覚ましたいとき**
タイム + ペパーミント + レモングラス

● **リフレッシュ、リラックスしたいとき**
ペパーミント + スペアミント + ジャーマンカモミール

● **疲労回復したいとき**
ペパーミント + レモンバーベナ + ハイビスカス +
ローズヒップ

肌のケア

● **肌が荒れているとき**
カレンデュラ + ローズヒップ + ローズマリー

● **ニキビ、吹き出物ができたとき**
ダンディライオン（西洋タンポポの根）

婦人科系のケア

● **冷え性**
ショウガ + ネトル + マルベリー

● **貧血、立ちくらみ**
ネトル + マルベリー

● **月経前症候群**
ラズベリーリーフ + セージ + バラ +
ジャーマンカモミール

● **更年期症状**
チェストツリー + バラ + ラズベリーリーフ +
リンデン

● 頭痛、頭がスッキリしないとき
ラベンダー ＋ フィーバーフュー ＋ ブルーマロー

● 風邪を予防したいとき
エキナセア ＋ エルダーフラワー ＋ ネトル ＋
ローズヒップ

● 喉が痛むとき
セージ ＋ ペパーミント ＋ レモングラス ＋
ブルーマロー

● 咳が止まらないとき
セージ ＋ カレンデュラ ＋ ショウガ

● 鼻炎、鼻詰まりのとき
ユーカリ ＋ エルダーフラワー ＋ オレガノ

● 免疫力をアップしたいとき
エキナセア ＋ セージ ＋ ネトル

● 花粉症のとき
エキナセア ＋ エルダーフラワー ＋ ネトル

● 消化不良のとき
ペパーミント ＋ レモンバーベナ ＋
スイートマジョラム ＋ フェンネル

● 胃がもたれるとき
ショウガ ＋ ペパーミント ＋ ジャーマンカモミール

● 胃がキリキリ痛むとき
ジャーマンカモミール ＋ ペパーミント ＋
ワイルドストロベリー

● 下痢が続くとき
ダンディライオン ＋ ヤロウ ＋ ジャーマンカモミール

● 便秘が続くとき
ダンディライオン ＋ フェンネル

● 口臭
セージ ＋ タイム ＋ ミント

● 二日酔い
ローズヒップ ＋ イチョウ ＋ レモン

● 肩こり
ショウガ ＋ セントジョーンズワート ＋
ジャーマンカモミール

ハーブを使った外用ケア

ハーブは内服用だけでなく、塗り薬や湿布になるため、
ちょっとした家庭の常備薬としても活躍します。手作りしてみましょう。

・温湿布…慢性の肩こりや目の痛み等のときに。洗面器等にハーブの浸剤を入れて熱湯をそそぐ。
　　　　　タオルを入れて絞り、少し冷まして患部に当てる
・冷湿布…急性の結膜炎や捻挫等のときに。洗面器等にハーブの浸剤を入れて氷水をそそぎ、
　　　　　タオルを入れ絞り、患部に当て熱を取る

目の疲れ

・急性のときは、ラベンダーのティーで冷湿布する
　慢性のときは、温湿布をまぶたに当てる
・カレンデュラチンキを精製水で2倍に薄めてコット
　ンに浸し、まぶたを冷やす

日焼け

・ラベンダーチンキ（作り方→p91）で作る保湿ロー
　ションでケアする
・ラベンダーチンキと精製水で作るスプレーを日焼け
　部分にたっぷり散布する（作り方→p91）

切り傷

・レモンの液を患部に塗る
・アロエジェルにタイムチンキを入れて患部に塗る

虫刺され

・アロエジェルにドクダミチンキ（作り方→p96）ま
　たはレモングラスチンキを入れてジェルを作り塗る

かゆみ止め

・アロエジェルにレモングラス、カレンデュラチンキ
　を入れてジェルを作り塗る

やけど

・ラベンダーチンキ（作り方→p91）を直接つける

捻挫

・クレイ*を少し水で溶き、パセリ、ペパーミントを
　すり潰したペーストを混ぜて患部に塗る

関節の痛み

・クレイを少し水で溶き、ペパーミント、ショウガ、
　ネトルのペーストを混ぜて患部に塗る

＊クレイとは地底の鉱物、海底から採取された泥のことで、不純物を取
　り除いて美容等で使われるもの。天然のミネラルが豊富に含まれ、汚
　れや老廃物を吸着する

3章
知っておきたいハーブリスト

ハーブはたくさんの種類がありますが、この本では比較的育てやすく
いろいろなことに利用しやすいハーブを取り上げています。
ここでは、メインで紹介したハーブの他に、
知っておくと便利なハーブを紹介します。

1年草
- コリアンダー
- ニゲラ
- ラクスパー

多年草
- エキナセア
- エルダーフラワー
- キャットニップ
- スイートマジョラム
- スープセロリ
- タラゴン
- チャイブ
- ヒソップ
- フィーバーフュー
- ベルガモット
- ヤロウ
- ラムズイヤー
- レモングラス
- ローズゼラニウム
- ワイルドストロベリー

木本
- オリーブ
- ルー

No. 1

Coriander

コリアンダー

主に東南アジアではパクチーと呼ばれ、料理の香りづけに使われます。葉は独特の強い香りがありますが、種は穏やかな柑橘系に似た香りがします。カレーのスパイスには欠かせません。種は消化、健胃作用、駆風作用がありますので、ハーブティーとしても使われます。春と秋に種をまきます。移植を嫌うので直まきするのがよいでしょう。

データ ─────────────

Data

学名	Coriandrum sativum　1年草
科名	セリ科
別名	シャンツァイ、パクチー、コエンドロ
原産地	地中海沿岸、西アジア
草丈	40〜50cm

No. 2

Nigella

106

ニゲラ

5〜7月に白やブルーの花をつけます。花や実はブーケ、アレンジに使われ、バルーン状の実はドライフラワーとして楽しめます。古代エジプト時代から万病に効く薬として重用され、現代では生活習慣病予防、エイジングケア等に期待されています。黒色の小さな種は、カレーのスパイスとして使われますが、中東諸国ではお菓子やパンの香りづけにも使われています。

＊刺激が強いので使用量は控えめに

データ ─────────────

Data

学名	Nigella sativa　1年草
科名	キンポウゲ科
別名	ニオイクロタネソウ
原産地	地中海沿岸
草丈	40〜90cm

No. 3

Larkspur

ラクスパー

傷を癒すハーブとして、古くから受け継がれてきました。花には香りがありませんがチョウや昆虫を呼んでくれます。種子は毒性があるので現在は使われません。色と形が美しく、ハーブ畑を華やかにしてくれます。ポプリに使われたり、染色にも使われたりします。

データ ─────────────

Data

学名	Consolida ajacis　1年草
科名	キンポウゲ科
別名	ヒエンソウ、千鳥草
原産地	地中海沿岸、中央アジア
草丈	80〜100cm

エキナセア

Echinacea

アメリカ先住民が大切にしたハーブで、毒蛇に噛まれた
ときの化膿止めや、煎じて咳止めに使われました。免疫
力UP、抗ウイルス、抗アレルギーなどの作用があります。
風邪、インフルエンザ、膀胱炎、ウイルス、細菌による感
染症予防にも効果があります。チンキは傷、喉の痛み等に
活用します。

＊キク科アレルギーのある人、妊娠中は飲用を控える

データ ————————————————————

Data

学名	*Echinacea purpurea*	多年草
科名	キク科	
別名	ムラサキバレンギク、ホソバ バレンギク	
原産地	北米大陸中央	
草丈	1.5 m	

エルダーフラワー

Elderflower

耐寒性のある落葉樹で、春に白い花が房のように咲きます。
ティーとして使われるのは花の部分です。ヨーロッパ、ア
メリカ等の先住民の伝統薬として使われていました。今で
も「庶民の薬箱」と呼ばれます。花のティーはマスカット
のような香りがします。発汗、利尿にすぐれ、粘液を浄化
することで呼吸器の気道をきれいにしてくれます。花粉症
にも使われます。

＊葉や未熟な実は毒性があるので控える

データ ————————————————————

Data

学名	*Sambucus nigra*	落葉樹
科名	レンブクソウ科	
別名	セイヨウニワトコ	
原産地	ヨーロッパ、アジア、アフリカ北部	
草丈	3～10m	

キャットニップ

Catnip

古代ローマから栽培されて、料理、医薬品に使われました。
ヨーロッパでは、紅茶が普及するまでは、このお茶がよく
飲まれていました。ハッカに似た香りが特徴で、猫が好み
ます。生の葉はよくすって打ち身、湿布剤、虫刺されに使
います。ビタミンCが豊富で、発汗作用もあるので、風邪、
発熱のときに効果があります。スープ、ソースの香りづけ
やポプリ、入浴剤等幅広く利用されています。

＊妊娠中、授乳中、幼児はハーブティー飲用不可

データ ————————————————————

Data

学名	*Nepeta cataria*	多年草
科名	シソ科	
別名	イヌハッカ	
原産地	ヨーロッパ、南西アジア	
草丈	40～60cm	

No. 4

Sweet marjoram

スイートマジョラム

オレガノと同じ仲間。穏やかな甘さや、かすかな苦味があ
ります。生の葉は卵料理、スープなどのトッピングに、乾
燥させた葉はハンバーグ、ミートソース等の料理に使われ
ます。ハーブティー、ホームケアとして古くから使われ、
神経の鎮静、安眠、肝機能向上、咳や気管支炎などの改善
にも役立ちます。植えつけは、日当たり、水はけのよい土
壌に。寒さに弱いので、冬は鉢上げをして軒下や家の中に
取り入れましょう。

データ ─────────

Data			
	学名	*Origanum majorana*	多年草
	科名	シソ科	
	別名	マヨラナ	
	原産地	地中海沿岸、トルコ、キプロス	
	草丈	20〜40cm	

No. 5

Leaf celery

108

スープセロリ

春と秋に種まきをすると、1週間後には発芽します。簡単
に収穫ができるので、おすすめのハーブです。食物繊維、
カリウムに富み、便通が促進され、腸内環境を整える作用
があります。また、解熱作用や血中コレステロールの低下
にも役立ちます。料理では、ブーケガルニ、サンドイッチ、
サラダに香味野菜として使います。

データ ─────────

Data			
	学名	*Apium graveolens*	2年草
	科名	セリ科	
	別名	オランダミツバ、セリナ	
	原産地	ヨーロッパ	
	草丈	20〜40cm	

No. 6

Tarragon

タラゴン

エストラゴンとは「小さなドラゴン」という意味で、細
い葉がドラゴンの牙に似ていることから名づけられまし
た。野菜、卵、生クリームとの相性もとてもよく、サラダ、
オムレツや鶏肉料理の臭み消し等に使われます。口内清
浄、食欲増進、強壮作用があり、不眠症にも効果がありま
す。生理不順等、ホルモンバランスを整える作用もありま
す。香りが強いので少量使うのがよいでしょう。

データ ─────────

Data			
	学名	*Artemisia dracunculus*	多年草
	科名	キク科	
	別名	フレンチタラゴン、エストラゴン	
	原産地	中央アジア、シベリア、北米	
	草丈	40〜50cm	

チャイブ

万能の香味料、薬味に使われます。アサツキ、ネギに似た辛味があり、ビタミンB₁の吸収を高めます。また、胃腸の働きを促進、緩下作用もあります。

データ ─────────────

Data	学名	*Allium schoenoprasum*　多年草
	科名	ユリ科
	別名	シブレット、セイヨウアサツキ
	原産地	中央アジア、ヨーロッパ
	草丈	30cm

ヒソップ

聖なるハーブで、古代から清浄のシンボルとされてきました。葉はタイムやハッカのような強い香りがし、ティー、料理、美容、ポプリ等に使われます。花は紫、ピンク、白等の小花で、エディブルフラワーとしても使われています。気管支炎、喉の炎症、去痰作用などの風邪症状に効用があります。また、腸内ガスを排出する作用もあります。

＊妊娠中、高血圧の人は使用不可

データ ─────────────

Data	学名	*Hyssopus officinalis*　多年草
	科名	シソ科
	別名	ヤナギハッカ
	原産地	地中海の東から中央アジア
	草丈	40〜60cm

フィーバーフュー

白と黄色のかわいい花を咲かせます。一重咲き、八重咲き、ぽんぽん咲きがあり観賞用としても使われます。香りが強いため虫が嫌います。古代ギリシャ時代から治療薬として用いられ、現在も葉、茎、花はハーブティーに使われています。発熱、頭痛、関節炎に効果があります。鎮痛効果が強く、特に偏頭痛には高い効果が出ています。ホルモン作用があるので月経困難症にも効果があるようです。

＊生の葉は口の中に炎症を起こす。とり過ぎに注意

データ ─────────────

Data	学名	*Tanacetum parthenium*　多年草
	科名	キク科
	別名	ナツシロギク、マトリカリア
	原産地	ヨーロッパ東南部、アジア西南部
	草丈	30〜80cm

ベルガモット

寒さに強く育てやすいハーブです。日本では、松明の炎を
連想させることからタイマツバナと呼ばれます。若い葉が
柑橘のベルガモットの香りに似ていることからベルガモッ
トと名づけられました。庭にたくさんのミツバチを呼ぶ蜜
源植物です。赤い花のティーはレモンを入れると美しい色
のハーブティーになります。効用として、吐き気、腸内ガ
スの排出、不眠症の治療、消化促進等があります。

データ ————————————————————

Data
学名	*Monarda didyma*　多年草	
科名	シソ科	
別名	モナルダ、タイマツバナ、ビーバーム	
原産地	北米大陸東部	
草丈	60〜120cm	

ヤロウ

止血作用があることから、古くから有用な薬草として使わ
れていました。薬用のコモンヤロウは白い花が咲きますが、
他の種類は観賞用として楽しめます。葉や花はリキュール
の香りづけに使われます。利尿作用があり、風邪や胃腸の
不調、高血圧などにも効果があります。根から出る分泌液
は、植物の病気を治療したり、害虫から植物を守る働きが
あるので、コンパニオンプランツとして利用できます。

データ ————————————————————

Data
学名	*Achillea millefolium*　多年草	
科名	キク科	
別名	コモンヤロウ、アキレア、 セイヨウノコギリソウ	
原産地	ヨーロッパ、アジア、北米	
草丈	60〜100cm	

ラムズイヤー

ビロードのようなやわらかなシルバーグリーンの葉が特徴
です。羊の耳の名前のとおりの肌触りです。草花との相性
がよく、広がるように成長するのでグランドカバーにもよ
く利用されます。爽やかな香りがするので、ポプリ、リー
ス等のクラフトに、花や葉は生花、ドライフラワーとして
楽しめます。生の葉を潰して、虫刺され、傷の湿布にも使
います。高温多湿に弱いので、夏の管理に注意しましょう。

データ ————————————————————

Data
学名	*Stachys byzantina*　多年草	
科名	シソ科	
別名	ワタチョロギ、ラムズタング、ラムズテール	
原産地	アジア中央部〜東アジア、イラン	
草丈	20〜90cm	

レモングラス

アジア料理の定番のスパイス。茎と葉はレモンの香りがします。葉の部分は腹痛、下痢、頭痛、発熱、インフルエンザの治療に使われます。健胃、駆風、消化促進の作用もあります。殺菌作用があるのでチンキを作り、空気感染症の対策にキッチン、ドア等の消毒に使うことができます。昆虫忌避作用があるので虫除けスプレーにもよいでしょう。

データ ——————————————————————

Data
学名　　Cymbopogon citratus　多年草
科名　　イネ科
別名　　レモンガヤ
原産地　南インド、スリランカ
草丈　　1.5m

Lemon grass

ローズゼラニウム

寒さに弱く、冬は軒下や室内に取り込みます。バラの香りのする葉は、ジャム、シロップ、ケーキ、クッキーの香りづけに使われます。入浴剤として、葉を濃いめに煮出した液と重曹を一緒に浴槽に入れると、軟質のやわらかいお湯を楽しめて精神面もケアしてくれます。チンキを作って、虫除けスプレーもよいでしょう。

データ ——————————————————————

Data
学名　　Pelargonium graveolens　多年草
科名　　フウロソウ科
別名　　ニオイテンジクアオイ、ニオイゼラニウム、
　　　　センテッドゼラニウム
原産地　南アフリカ
草丈　　1m

Rose geranium

111

ワイルドストロベリー

野イチゴは古くから実も葉も使われてきました。葉は鉄分、カリウムが豊富で、貧血の改善、糖尿病、腎臓、肝臓の疾患などに用いられてきました。体を冷やす作用があるので、風邪等の発熱時に、ティーとして飲むとよいでしょう。実は、お菓子やジャムに使われます。

＊生の葉には毒があるので、よく乾燥させてから使用

データ ——————————————————————

Data
学名　　Fragaria vesca　多年草
科名　　バラ科
別名　　エゾヘビイチゴ
原産地　ヨーロッパ、アジア
草丈　　5〜30cm

Wild strawberry

Olive

オリーブ

4000年以上前から栽培され、オイルが抽出されていました。「自然の抗生物質」と言われ抗菌、抗ウイルス作用にすぐれています。オレイン酸が含まれていて、血圧降下作用、血液中のコレステロール値を下げる働きがあります。果実は食材やオイルとして使われます。葉は乾燥させてお茶にします。育てるには日当たりがよく乾燥気味の土壌がよいでしょう。繁殖は挿し木で行います。自家受粉をしにくいので、異なった品種を2本植えると実がつきます。

データ ─────────

Data

学名	*Olea europaea*	半耐寒性常緑高木
科名	モクセイ科	
原産地	地中海沿岸	
草丈	3～10m	

⬛ オリーブ石けん

材料 （4個分）
MPソープ素地 … 200g
オリーブの花 … ひとつかみ
オリーブの葉のパウダー … 小さじ1
オリーブオイル … 小さじ1
精油（スペアミント） … 3滴

① 500ccの耐熱のプラスチックビーカーにMPソープ素地を入れて様子を見ながら溶かす
② ①にオイル、精油を入れ撹拌する
③ ②を型に流し入れ、ゆっくりオリーブの花と葉のパウダーを沈める
④ 風通しのよいところで1～2時間乾かす
⑤ 完全に固まったら型から出して、2～3日風通しのよいところで乾かす

Common rue

ルー

古くから、虫除け、魔除け、疫病予防に使われてきました。日当たりのよい、乾燥気味の土壌を好み、初心者でも育てやすいハーブです。食用にならないハーブですが、葉を乾燥させて防虫効果のサシェにしたり、チンキにして虫除けスプレー等を作ることができます。作用として防虫、殺菌、鎮痙、通経作用があります。

＊通経作用があるので、妊娠中は使用しないように。汁液にかぶれる場合がある

データ ─────────

Data

学名	*Ruta graveolens*	耐寒性常緑小低木
科名	ミカン科	
別名	ヘンルーダ	
原産地	ヨーロッパ南東部	
草丈	60～90cm	

4章

ハーブ栽培の基本と流れ

ハーブは基本的には丈夫で育てやすい植物ですが、
自分の生活スタイルに合ったハーブとの暮らしを楽しむために、
最低限のお世話のポイントを知っておきましょう。

113

・ハーブ栽培に適した環境　114

・土・肥料・消毒液　115

・苗を植える（テラコッタ）　116

・苗を植える（バスケット）　117

　定植によい季節　117

・種をまく　118

　切り戻し　118

・知っておきたい病虫害と対策　119

・増やし方　120

・挿し木をしてみよう　121

・四季別のお世話　122

・精油　124

・ハーブを安全に使用するために気をつけたいこと　125

ハーブ栽培に適した環境

ハーブは種類によって適した環境が多少異なりますが、基本的には適度な栄養がある土、適度な光と水、風通しのよい場所を好みます。ハーブの栽培に共通する必要な環境を知っておきましょう。

風通し

初夏の成長期には葉が密集し、蒸れやすくなります。蒸れると病気になったり虫もつきやすくなるので、葉や茎をこまめに剪定して風通しをよくします。株元の汚れた葉等も取り除きます。鉢植えの場合は、常に空気が動いているような場所を選んでおきましょう。剪定した葉はティーや料理に使用したり、乾燥させて利用します。

剪定

ハーブの茎や枝が伸び過ぎたり混み合ったりしたときに、元気を取り戻すために行います。梅雨期、暑い夏、寒さに向かう時期等に、苗に負担がかからないように切り戻します。剪定後の容姿を考えて切ることも大切です。茎の中間で切らずに葉のつけ根、脇芽のすぐ上で切ると、そこから枝分かれしてこんもりとした姿になります。

肥料

料理やハーブティー等、食用が目的なので、基本は有機・無農薬で育てます。有機肥料は遅効性なのでゆっくり効いてくれます。市販されている「ハーブ用、野菜用」を植えつけ時に元肥として与えると、長く効果があります。栽培期間の長いものは、途中で足してあげます。ただ、肥料のやり過ぎは、病害虫が発生しやすくなるので気をつけましょう。

日光

植物の成長にはたっぷりの太陽が不可欠です。コンテナ、鉢で育てる場合は、光合成をする午前中に日の当たる場所におきましょう。夏場は直射日光が当たり過ぎないように気をつけます。庭植えの場合は、午前中の光が当たり西日の差さない場所が最適です。植物が好む条件や場所をよく調べて、植えつけをするとよいでしょう。

水

ハーブは湿気の少ない地中海沿岸原産が多いので、全般にやや乾燥気味に育てます。水のやり過ぎには注意します。しかし、適度な水分がないと根から栄養分を吸収できず、光合成が十分に行われません。ハーブの種類によって違いはありますが、1日1回、夏場は1日2回程度与えるとよいでしょう。植物の状態をよく観察し、土の表面が乾いていたら、たっぷりと水を与えましょう。

土

基本的には水と酸素を吸収できるように水はけ、通気性がよく、また乾燥し過ぎないように保水性のよい土がよいでしょう。プランターや鉢植え等で始める場合は、ハーブのためにブレンドされている「ハーブ専用培養土」がよく調節されていて手軽です。乾燥を好むハーブは、地中海地域やヨーロッパ産が多く（ラベンダー、ローズマリー、タイム、セージ等）、アルカリ性を好みます。これらの植物は酸性土を嫌いますので、バーミキュライト等を混ぜて中和するとよいでしょう。乾燥を好まないハーブには、熱帯地域や森の中に分布するものがあり（レモングラス、ミント、バジル等）、これらには、市販の用土に少し腐葉土を足して保水性をよくします（自分で配合する場合はp115を参照）。

114

各ハーブが好む環境を知りましょう

● 乾燥を好むハーブ

ローズマリー、タイム、ラベンダー

ローズマリー　タイム

● 日なたを好むハーブ

セージ、トウガラシ、レモンバーベナ、レモンバーム、カモミール、バラ、オレガノ、ボリジ、フェンネル、カレンデュラ、ローズゼラニウム

レモンバーム　ローズゼラニウム

● 日なた〜半日陰を好むハーブ

ミント、イタリアンパセリ、シソ、バジル、ナスタチウム

イタリアンパセリ

土・肥料・消毒液

● どのハーブにも使える土を用意しましょう

丈夫なハーブを育てるために大切なのは土作りです。ハーブによって好む土は多少違ってきますが、ここでは、どのハーブにも適した基本の土作りを紹介します。鉢植えにも、庭の花だんにも使えますので、少し多めに作ってストックしておくと便利です。初めてハーブ栽培に挑戦する人は、市販のハーブ土を利用してもよいでしょう。

115

①赤玉土

②完熟腐葉土

③バーミキュライト

④くん炭

割合は
赤玉土6：
完熟腐葉土3：
バーミキュライト1：
くん炭ひと握り

＊庭で使う場合は、酸性度を調べて調節する

基本の土
①～④を混ぜたもの

種用の土
①～③を混ぜたもの

市販のハーブ土

● 福間家の庭の例

メインの花だんは畳6枚分くらいの広さ
①まずよく耕し天地返し（表土と下の土を入れ替える作業）をする
②腐葉土：40ℓ×3、パーク堆肥：40ℓ×2、赤玉土：20ℓ×3、くん炭：10ℓ、ボカシ：15kg
を元の土とよく混ぜて、水をかけて1週間寝かせる。ふかふかの土ができ上がる
＊庭で使う場合は、土壌酸度計などで酸性度を調べ、土壌が酸性に傾いているときは苦土石灰やくん炭を混ぜるとよい。長い間地植えにしているところは酸性に傾きやすいので、冬に堆肥や、腐葉土、くん炭を入れよく土を撹拌する。鉢植えは1年に1回は植え替えるとよい

● 肥料は少なめに

ハーブはあまり多くの栄養素を必要としていません。栄養が必要なハーブには、土にボカシ肥料やパーク堆肥などを漉き込んでおきます。花後や収穫した後に、有機の肥料（ボカシ等）をひとつまみ株元に与えますが、あげ過ぎに注意しましょう。

ボカシ肥料

パーク堆肥

● 消毒液は手作りで安心・安全なものを

病虫害を防ぐには、早期に発見しこまめに除去することが大切です。手作りの消毒・殺菌液で予防しましょう。福間家では、植物を使った安心・安全な消毒液を作っています。多めに作っていつでも使えるように準備しておきましょう。

トウガラシ
フェンネル
ニンニク
ローズマリー
ラベンダー
バジル
ショウガ
タイム

（作り方→p23）

でき上がった消毒液はこして、200倍に水で薄めてスプレーする。様子を見ながら、1カ月に2回ぐらいをメドに散布するとよい。液が濃過ぎたり、かけ過ぎたりしないように注意する

苗を植える（テラコッタ）

〈 ラベンダー、イタリアンパセリ、ナスタチウム、コモンタイム、ワイルドストロベリー 〉まずは、苗から育ててみましょう。育ててみたいハーブ苗と好きな鉢を選んで、仕上がりを想像しながら寄せ植えしていきましょう。

1 鉢底の穴に鉢底網を敷き、土を入れる（基本の土・p115）

2 鉢の中に植物を仮置きしてみる

3 購入した苗をポットから出すときは横向きにして取り出す

4 土の汚れを取り除き、肩の部分の土を落とす

5 下側の土を少しほぐして、根を出す

6 ポイントにしたいものからおいて土を入れていく

7 割り箸などで土をほぐしながら入れる

8 縁から2cm下まで土を入れる（水をかけたときに土がこぼれないように）

9 鉢底から水が出るまで、水をたっぷりとかける。葉にはかけない

10 完成

その後

116

苗を植える（バスケット）

〈 ラベンダー、イタリアンパセリ、ナスタチウム、ワイルドストロベリー 〉
ハーブを植えたバスケットは部屋のインテリアにもなります。
かわいい花を摘んでサラダの上に散らしてみましょう。

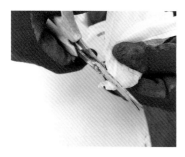

1 バスケットの底に敷くビニールに穴をあける

2 ビニールをカゴの底に敷いて、軽石を入れる

3 土を入れる

4 苗を植えて、ビニールの縁が見えないようにワラなどを巻く。土はいっぱい入れても大丈夫

5 完成

その後

定植によい季節

ミント、オレガノ、タイム、パセリ等、基本ハーブはどの季節から始めても大丈夫ですが、暑さ、寒さが厳しいときは少し短めにカットをして植えつけると、苗の負担が少なくなります。

● 春植えのハーブ

朝晩まだ寒い春、寒さにも強く夏まで開花する1年草のハーブを植えつけできます。すくすくと成長する季節なので、成長が目に見える楽しみがあります。

・ジャーマンカモミール
・ボリジ
・パセリ
・ミント
・オレガノ
・ローズマリー
・バラ
等

● 初夏植えのハーブ

朝夕の寒さに弱いハーブや秋に開花するハーブはこの時期が適していますが、高温多湿の時期なので、水のやり過ぎや葉の混み過ぎ、病気や根腐れに注意しましょう。朝、夕の冷え込みもなく、植えつけた苗が枯れるのを防ぐことができます。

・バジル　　　　・シソ
・レモンバーム　・レモングラス
・レモンバーベナ・セージ
・ナスタチウム　　等
・トウガラシ

● 夏植えのハーブ

熱帯原産のハーブはこの時期に植えるのがよいでしょう。育てながら、収穫も楽しめます。

・レモングラス
・セージ　等

● 秋植えのハーブ

病虫害の心配が少なく、しっかりした株を育てることができて大株に育ちます。寒さに強い1年草ハーブは春の収穫を増やすことができます。

・ラベンダー　　・ローズマリー
・タイム　　　　・コリアンダー
・フェンネル　　　等

● 冬植えのハーブ

寒さに強い種類は定植が可能です。根雪にならない地域で植えつけられます。病虫害の心配が少なく、しっかりとした株を育てられます。春に成長、開花する種類は収穫量も増やすことができます。

・ローズマリー
・カレンデュラ
等

種をまく

ハーブは種から育てることもできます。
すじまき、ばらまき、ポットまきなどがありますが、
簡単で失敗も少ないばらまきでボリジの種を
まいてみましょう。種から芽を出したハーブを
愛でつつ、大事に育てるのも楽しいものです。

1 春頃、ビニールポットに種用の土を入れ、1つのポットに5粒くらいまく

2 1カ月経ったところ。本葉が揃ったら移植する

3 底の方までしっかり根がまわっていることを確認する

4 苗を1芽ずつバラす

5 苗を1芽ずつポットに植え替える

6 1芽ずつ植えたところ。シャワーヘッドのジョウロで水をかけ、涼しい半日陰で育てる

切り戻し

基本的には剪定と同じで、収穫量や花数を増やすことができます。
植物は伸びるとき、脇芽より先端の芽の方に優先的に養分を送ります。先端を切ると枝数が増え、
それによって養分を分散させるのです。また、風通しがよくなることで病害虫の発生を抑える利点もあります。

 →

・伸び過ぎた枝を強くカットし、全体的な姿を整える
・株が古くなり若返りさせるときに強くカットする
・休眠期に入るときに株元までカットし、冬を過ごす
・開花期が過ぎた花柄を除去するためにカットする

● 切り戻す時期

・暑さや寒さが落ち着いている春、秋
・葉や茎が伸び過ぎて蒸れているとき
・容姿を整えたいときに収穫を兼ねてカットする

知っておきたい病虫害と対策

せっかく育てているハーブが虫に食われたり、病気になって枯れてしまうのは残念です。でも、神経質になり過ぎても楽しくありません。なりやすい病気や虫が好むハーブを知って、水やりのとき等にちょっと注意して見てみましょう。口にするものなので、消毒液も手作りの安心なものを用意しておくとよいでしょう。

ハーブ	虫	病気
バジル	ベニフキノメイガ、アブラムシ、ハダニ、ヨトウムシ、コガネムシ	すす病、軟腐病
カモミール	アブラムシ、ハダニ	うどんこ病
ナスタチウム	アブラムシ、ハダニ、エカキムシ、カメムシ、ナメクジ	うどんこ病、黒星病
ボリジ	ハダニ、アブラムシ	うどんこ病
トウガラシ	アブラムシ、コナガ、アオムシ、タバコガ、ハダニ、チャノホコリダニ	
シソ	アブラムシ、ハダニ、アザミウマ、コナシラミ、ヨトウムシ、ハモグリバエ	褐斑病、シソモザイク
パセリ	キアゲハの幼虫、アブラムシ、ハダニ、ヨトウムシ	うどんこ病
カレンデュラ	アブラムシ、ハモグリバエ、カメムシ、ハダニ、ナメクジ、エカキムシ	うどんこ病、炭疽病
ミント	アブラムシ、ハダニ	
オレガノ	アブラムシ、ハダニ	
セージ	アブラムシ、ハモグリバエ、ハダニ、ナメクジ、ヨトウムシ、エカキムシ	うどんこ病
レモンバーム	ハダニ、アブラムシ、アオムシ、コナジラミ	うどんこ病
フェンネル	ハダニ、アブラムシ、アゲハの幼虫	うどんこ病
ローズマリー	ハダニ、カイガラムシ	うどんこ病
タイム	ハダニ	
レモンバーベナ	アブラムシ、ハダニ	立ち枯れ病、赤斑病
ラベンダー	アブラムシ、カタツムリ、カメムシ、ナメクジ、ハダニ	
バラ	バラゾウムシ、カイガラムシ、ハダニ、アオムシ	黒星病、黒点病、うどんこ病

● 対処法

・まめな観察が大切

・**ハダニ**、**アブラムシ**、**コナジラミ**等は水の噴射がいちばん。葉の裏等にもしっかりと噴射する。乾燥し過ぎないように。夏場の直射日光に当たり過ぎないように注意する

・**コトウムシ**、**アオムシ**、**コガネムシ**、**カメムシ**、**メイガ**、**アザミウマ**等は見つけ次第補殺する

・**カイガラムシ**は水分が不足したり、混み合ったときに発生する。**カイガラムシ**が付着したら歯ブラシ等で取り除く

・枝をカットしたり、風通しをよくすることも病気にならない対策。病気の箇所は取り除き、広がっているときは株ごと抜いて周囲に広がるのを防ぐ

● 安心な病虫害対策

・消毒液（作り方→p23）

木酢液、トウガラシ、ショウガ、ニンニク、ミント類、ラベンダー、レモングラス、タイム等ハーブを入れて作る植物に優しい消毒液。1回に200倍くらいに薄めて散布するとよい

・ナメクジには、浅い容器にビールを1cmぐらい入れて日暮れから朝まで外に置き、朝溺れているナメクジを片づける

・アブラムシには少量なら、ミルクやコーヒーを散布しても退治することができる

増やし方

育てているハーブを増やすのも楽しみのひとつです。増やす時期は、春、秋がベストですが、
真冬、真夏、梅雨時期を除けば、いつでも大丈夫です。
ハーブの性質によって増やす方法も違いますが、
ここでは、「挿し木」「株分け」「根伏せ」「水差し」を紹介します。

● 挿し木

挿し木は、比較的簡単に増やすことのできる方法なので、チャ
レンジしてみましょう。切り戻し等で切り取ったものを挿し木
にすることもできます。（挿し木の方法→p121参照）

挿し木に向いているハーブ
バジル、ミント、オレガノ、バラ、セージ、レモンバーム、ロ
ーズマリー、レモンバーベナ

● 根伏せ

挿し木のひとつの方法です。伸び過ぎた枝や根を横に寝かせて、
上から土をかぶせます。かぶせた茎や根から新しい芽が出てき
ます。

根伏せに向いているハーブ
タイム、ミント、レモンバーム

● 水差し

庭で摘んだハーブは、水を入れたコップなどに入れておきます。
１週間もすると根が出てきますので、根がいくつか出たら鉢に
植えましょう。

水差しに向いているハーブ
ローズマリー、ミント等

● 株分け

株分けの時期は、庭植えのハーブが混み合ってきたり、鉢植え
のハーブが窮屈そうになってきたとき。また、葉色が悪くなっ
たり葉が落ちたりしてきたら、株分けのサインです。

株分けに向いているハーブ
タイム

① 鉢から抜いた株の真ん中にハサミを入れる

② 根を傷めないようにていねいに手で分ける

③ ２つに分けた株をそれぞれポットに植える

挿し木をしてみよう

上から　オレンジバーム、ローズマリー、ラベンダー、キャットミント

植え終わったところ

① 土に挿す茎の先端は斜めに切る

② 葉からの水分の蒸散を防ぐために葉を半分に切り落とす

③ 用意した土に割り箸等で穴をあける

④ ひと茎ごとにポットに挿したところ。根が出た 2 〜 3 週間後に、鉢等に植え替える

四季別のお世話

早春 2月〜3月

芽吹きの季節
種まきや植えつけを

そろそろ水ぬるむ頃、落葉樹が芽吹き始めます。1
年草の種まき、多年草の苗の植えつけ、秋まきのポ
ット苗の植えつけ等、3月は忙しくなります。バラ
苗の植えつけをするのもこの時期です。各ハーブの
種まきや植えつけの時期などは、「あると便利なハ
ーブ事典」（p47）の作業カレンダーで確認を。

春 4月

成長の時期
間引きや摘芯を

3月に植えつけたハーブはすくすくと育ち始めます。
軽く間引き、摘芯をして株自体を大きくします。お
世話をしながら、害虫などがついていないか等の点
検もしましょう。間引きしたものを挿し木（p121
参照）等で増やすこともできます。遅霜が終わる頃、
草木類の鉢の植え替えをします。

初夏 5月〜6月

ハーブの美しい季節
剪定しながら収穫を

庭やベランダの草花にとっていちばんよい季節です。
この季節は庭に足りない苗を購入して植えつけるの
もよいでしょう。寄せ植え等をして飾るのも楽しい
です。軽い剪定を兼ねて収穫もできます。風通しを
よくしてあげることも忘れずに。6月に入ると雨で
傷んだ葉の整理をして、夏越しの準備をします。

夏　7月〜8月

暑さ対策を
花は咲かさないで摘み取る

ハーブの収穫と同時に夏の暑さに耐えられるように、軽く剪定をして枝の成長を促し追肥をします。ベランダの鉢植えは日陰に移動し、遮光します。ハダニ、アブラムシ対策になります。水やりも観察しながらこまめにするとよいでしょう。秋まではなるべく花を摘み取り、咲かせないようにします。

秋　9月〜10月

収穫して保存作業を
種の秋まきをする

ハーブの本格的な収穫が始まります。種を取ったり、日の当たらない場所に吊るしたり、ザルに葉物を並べて乾燥させたりします。よい状態のものは冷凍にし、ソース作りや保存作業が始まります。ハーブの種の秋まきができます。しっかり冬越しした苗は丈夫な苗になり、春に植えつけられます。エキナセア、フェンネル、ディル、チャイブ等。

冬　11月〜1月

休眠期、冬越しの準備をし、
土の活性化を

休眠期に入ります。水やりは極力控えます。枯れ枝の整理をし、宿根草は地際まで切り戻します。多年草は地上10cmくらい残して冬越しさせます。寒さから守るため、ワラ等でマルチングするのもよいでしょう。レモングラス、レモンバーベナ等、寒さに弱いハーブは、思い切って強くカットをして室内に取り込んで春を待ちましょう。花だんは堆肥、石灰、ボカシを漉き込んで春まで熟成させます。ハーブガーデンは静寂を迎えます。

精油

精油は、植物の花、葉、果皮、果実、芯材、根、種子、樹皮、樹脂等から抽出した天然の芳香物質で、有効成分を高濃度に含有した揮発性の物質です。各植物によって特有の香りと機能を持っています。アロマテラピーのベースとなり、心と体のバランスをとってくれる等、家庭の常備薬として欠かせません。また精油は、植物から抽出した100%天然のもので、有益でもありますが危険な性質を持ったものもあります。十分な知識を持って使用しましょう。

● 購入時の注意

・学名、原産地、品質保持期限の書かれているものを選ぶ
・遮光びんに入った有機栽培のものを選ぶ
・信頼できる店で購入する

● 使用時の注意

・原液を直接肌につけない。必ず希釈して使う
　（キャリアオイル、無水エタノール、グリセリン等）
・誤って精油の原液が直接皮膚についたときは清潔な大量の流水で洗い流す。目に入ったとき、口に入ったときも大量の流水ですすぎ、その後医師の診断を受ける
・揮発性なので火気に注意する
・乳幼児は基本、精油は使用不可。3歳以上になったら成人の1/10程度の量を基材で薄めて使う
・妊娠中に使用できない精油があるので注意する
・皮膚の弱い人は手作り品の場合はパッチテストをする。前腕部の内側に適量を塗り、24〜48時間放置してかゆみ、炎症等の異常がないかを確かめる
・光毒性のある精油は（グレープフルーツ、レモン等）日光、紫外線に反応して炎症を起こすので、日中の使用は避ける
・皮膚刺激のある精油に注意する。皮膚組織や末梢血管を刺激して、炎症、紅斑、かゆみが起こる（イランイラン、ペパーミント、ティートリー、ユーカリ等）

● 精油の保管

・容器
　遮光性のガラスびんに保存する。びんのふたはしっかり閉め立てて保存する

・場所
　直射日光、湿度を避けて冷暗所で保管する

・保存期間
　開封後1年、柑橘系は半年が目安

● 一般家庭で備えておくと便利なおすすめの精油

ラベンダー
ティートリー
レモン
ペパーミント

ラベンダー
・芳香浴
　リラクゼーション、疲れた心を癒してくれる
　質のよい睡眠と目覚めをもたらしてくれる
・スキンケア
　細胞の活性化や抗炎症作用で日焼けのローションや抗真菌のクリームなどに使える。やけどにも効果がある

ティートリー
・芳香浴
　部屋の除菌、風邪をひいたときの諸症状に
・スプレー
　浴室のカビ、シューズボックスの除菌
・クリーム
　抗真菌のためのクリーム、虫刺され

レモン
除菌、切り傷、リフレッシュ効果

ペパーミント
・芳香浴
　スプレーを作り部屋の空気浄化、リフレッシュに
・スキンケア
　頭痛の緩和、乗り物酔いに

［**万能薬**］
ラベンダー、ティートリー、レモン、ペパーミントをアロエジェルに入れて万能薬を作る。切り傷、やけど、虫刺され、皮膚炎等に効果があり、安心な常備薬として重宝する

ハーブを安全に使用するために気をつけたいこと

ハーブは昔から、花を愛で、香りを楽しみ、お茶や料理、身近な民間薬として等、幅広く利用されてきました。私たちの健康をサポートしてくれる「薬草」として、ハーブを安全に使用するために、知っておきたいことをまとめました。

- ・苗を購入するときは、信頼できる店で学名を確認できる無農薬のものを
- ・自分の体質や体調に合わせて選ぶ
- ・持病のある人は、医師に相談してから購入する
- ・乳児に与えない
- ・幼児に与えるときは、よく観察し注意する
- ・妊娠中、授乳中は医師に相談する

● 購入時の注意

苗の購入

- ・食品として使う場合は、無農薬の苗が安全。無農薬の苗を扱っているところを調べて購入する
- ・ホームセンターで販売されている苗は、一般に低農薬のものが多いので、購入後は安全な有機の土に植え替え、農薬をかけずに育てる
- ・観賞用に販売されているものは口に入れることは避ける

ドライハーブの購入

- ・大量に購入しないで、使いきる量を購入する
- ・学名を確認できるものを購入する
- ・同名でも使用する部位、目的、安全性のレベルが異なるものがあるので、よく確認してから購入する
- ・雑貨として販売されているものは口には入れない。ポプリなどのクラフトに使用する

● 使用時の注意

- ・ハーブティーとして使用する場合、生のハーブ、ドライハーブで入れたティーは、そのつど飲みきる
- ・作ったハーブティーは作りおきしないで、その日のうちに飲みきる。時間が経つことで成分の変化が起こる
- ・セントジョーンズワート等、薬と併用できないハーブがあるので注意する
- ・高血圧、糖尿病、コレステロール等で薬を飲んでいる方は、医師に相談する
- ・乳児はハーブは使用できない。3歳以上の子どもは成人の1/2以下で使用する
- ・乳幼児はペパーミントは使用できない
- ・妊娠中は医師や専門家に相談する
- ・既往症のある人は、基本量の半分以下で飲むのがよい

ハーブの索引　＊グレー字は別名、和名

（ア）

アキレア（ヤロウ）　110
イヌハッカ（キャットニップ）　107
ウイキョウ（フェンネル）　78
エキナセア　107
エストラゴン（タラゴン）　108
エゾヘビイチゴ
　（ワイルドストロベリー）　111
エルダーフラワー　107
大葉（シソ）　60
オランダミツバ（スープセロリ）　108
オリーブ　112
オレガノ　72
　オレガノ・ケントビューティー／オレガ
　ノ・プルケルム／スイートマジョラム／ポ
　ットマジョラム

（カ）

ガーデンサルビア（セージ）　74
ガーデンタイム（タイム）　84
カミツレ（カモミール）　52
カモミール　52
カレンデュラ　64
キャットニップ　107
キンレンカ（ナスタチウム）　54
クロタネソウ（ニゲラ）　106
コウスイヤマハッカ（レモンバーム）　76
コエンドロ（コリアンダー）　106
コモンヤロウ（ヤロウ）　110
コリアンダー　106

（サ）

シソ　60
シブレット（チャイブ）　109
ジャーマンカモミール
　（カモミール）　52
シャンツァイ（コリアンダー）　106
スイートマジョラム　108
スープセロリ　108
スターフラワー（ボリジ）　56
セイヨウアサツキ（チャイブ）　109
セイヨウニワトコ
　（エルダーフラワー）　107
セイヨウノコギリソウ（ヤロウ）　110
セイヨウヤマハッカ
　（レモンバーム）　76
セージ　74
　クラリーセージ／コモンセージ／パイナッ
　プルセージ／パープルセージ／ホワイトセ
　ージ
セリナ（スープセロリ）　108

センテッドゼラニウム
　（ローズゼラニウム）　111

（タ）

タイマツバナ（ベルガモット）　110
タイム　84
　イブキジャコウソウ／クリーピングタイム
　／コモンタイム／レモンタイム
タチジャコウソウ（タイム）　84
タラゴン　108
千鳥草（ラクスパー）　106
チャイニーズセロリ（パセリ）　62
チャイブ　109
チリペッパー（トウガラシ）　58
トウガラシ　58

（ナ）

ナスタチウム　54
ナツシロギク
　（フィーバーフュー）　109
ニオイクロタネソウ（ニゲラ）　106
ニオイゼラニウム
　（ローズゼラニウム）　111
ニオイテンジクアオイ
　（ベルガモット）　110
ニゲラ　106
ノウゼンハレン（ナスタチウム）　54

（ハ）

パクチー（コリアンダー）　106
バジリコ（バジル）　50
バジル　50
　シナモンバジル／タイバジル／ダークオパ
　ールバジル／ブッシュバジル／ホーリーバ
　ジル／レモンバジル
パセリ　62
ハッカ（ミント）　68
ハナハッカ（オレガノ）　72
バラ　92
　オールドローズ／ガリカローズ／ケントフ
　オリアローズ／ダマスクローズ／チャイナ
　ローズ
ビーバーム（ベルガモット）　110
ヒエンソウ（ラクスパー）　106
ヒソップ　109
フィーバーフュー　109
フェンネル　78
　ブロンズフェンネル／フローレンスフェン
　ネル
フレンチタラゴン（タラゴン）　108
ベルガモット　110
ペルシ（パセリ）　62
ベルベーヌ（レモンバーベナ）　86
ヘンルーダ（ルー）　112

ホソバハレンギク（エキナセア）　107
ポットマリーゴールド
　（カレンデュラ）　64
ボリジ　56

（マ）

マトリカリア
　（フィーバーフュー）　109
マヨラナ（スイートマジョラム）　108
マリーゴールド（カレンデュラ）　64
マンネンロウ（ローズマリー）　82
ミント　68
　アップルミント／スペアミント／ペパーミ
　ント／ペニーロイヤル
ムラサキバレンギク
　（エキナセア）　107
メボウキ（バジル）　50
メリッサ（レモンバーム）　76
モスカール（カーリーパセリ）　62
モナルダ（ベルガモット）　110

（ヤ）

ヤナギハッカ（ヒソップ）　109
ヤロウ　110

（ラ）

ラクスパー　106
ラベンダー　88
　イングリッシュラベンダー／キレハラベン
　ダー／コモンラベンダー／真正ラベンダー
　／ストエカス／デンタータ／フリンジラベ
　ンダー／レースラベンダー
ラムズイヤー　110
ラムズタンク（ラムズイヤー）　110
ラムズテール（ラムズイヤー）　110
ルー　112
ルリヂシャ（ボリジ）　56
レモンガヤ（レモングラス）　111
レモングラス　111
レモンバーベナ　86
レモンバーム　76
ローズゼラニウム　111
ローズマリー　82
　トスカーナブルー／マジョルカピンク／マ
　リンブルー

（ワ）

ワイルドストロベリー　111
ワイルドマジョラム（オレガノ）　72
ワタチョロギ（ラムズイヤー）　110

福間玲子　Reiko Fukuma

2000年、自宅で「Witch's Garden」を主宰し、ハーバルレッスン講座を開設。講座内容は、アロマテラピー、メディカルハーブ、コンテナ、ハンギングバスケット、ハーブ料理、リース等。2018年に教室を閉鎖し、ゆっくり、のんびりと大好きな植物に囲まれて、ハーバルライフを楽しんでいる。

習得資格
栄養士／アロマテラピーインストラクター
カナディアンハーバルセラピスト／ハーブアドバイザー
英国王立園芸協会コンテナーマスター
英国王立園芸協会ハンギングバスケットマスター
グリーンアドバイザー／スパイス検定
オリーブオイルシニアソムリエ

Staff

撮影　　　　　　齋藤 圭吾（カバー、表紙、口絵、扉写真）
　　　　　　　　やなか事務所
ブックデザイン　三上 祥子（Vaa）
見取り図・イラスト　YUHI
執筆　　　　　　福間 玲子、東村直美（やなか事務所）
企画・編集　　　朝日新聞出版 生活・文化編集部（森 香織）
構成・編集協力　東村直美（やなか事務所）

参考文献
グリーンファーマシー（CMPジャパン）
ハーブ＆アロマ辞典（大泉書店）
薬草魔女のナチュラルライフ（東京堂出版）
花月暦（パイ インターナショナル）
メディカルハーブ（日本ヴォーグ社）
ハーブの写真図鑑（日本ヴォーグ社）
ハーブティー大辞典（ナツメ社）
ハーブのすべてがわかる辞典（ナツメ社）

アサヒ園芸

小さな庭やベランダで育てる ハーブと楽しみ方事典

著　者　　福間玲子

発行者　　片桐圭子

発行所　　朝日新聞出版
　　　　　〒104-8011　東京都中央区築地5‐3‐2
　　　　　（お問い合わせ）infojitsuyo@asahi.com

印刷所　　図書印刷株式会社

©2024　Reiko Fukuma / Asahi Shimbun Publications Inc.
Published in Japan by Asahi Shimbun Publications Inc.
ISBN　978-4-02-333392-5